智能硬件设计丛书

Arduino
从入门到精通10讲

杨帆　李欣　徐军　马静　编著

电子工业出版社
Publishing House of Electronics Industry
北京·BEIJING

内 容 简 介

本书主要介绍基于 Arduino 这一开源平台的一系列电子制作方法。全书分为 10 讲，第 1 讲主要介绍 Arduino 的基础知识，如单片机的发展、种类以及编程基础等；第 2～8 讲主要讲解基于常见电子元器件的开发方法，如液晶显示屏、蓝牙、红外和常用的传感器，并结合实物进行实验探究，通过课后小结作业进行能力的提升；第 9 讲介绍 Arduino 设计方法和创新思维；第 10 讲介绍常用实例，将前 9 讲的知识点进行融合并应用。

本书内容框架明确，思路清晰，由易到难，让读者通过学习可以独立设计作品。本书适合 Arduino 初学者，可以作为电子信息相关专业的课程实践类教材，也可以作为竞赛类队员的参考书。

图书在版编目（CIP）数据

Arduino 从入门到精通 10 讲 / 杨帆等编著 .—北京：电子工业出版社，2017.8
（智能硬件设计丛书）
ISBN 978-7-121-32299-0

Ⅰ.① A…　Ⅱ.①杨…　Ⅲ.①单片微型计算机 – 程序设计　Ⅳ.① TP368.1

中国版本图书馆 CIP 数据核字（2017）第 182032 号

策划编辑：曲　昕
责任编辑：曲　昕
印　　刷：北京虎彩文化传播有限公司
装　　订：北京虎彩文化传播有限公司
出版发行：电子工业出版社
　　　　　北京市海淀区万寿路 173 信箱　　　邮编：100036
开　　本：787×1092　1/16　印张：10　字数：184 千字
版　　次：2017 年 8 月第 1 版
印　　次：2018 年 7 月第 2 次印刷
定　　价：39.00 元

凡所购买电子工业出版社图书有缺损问题，请向购买书店调换。若书店售缺，请与本社发行部联系，联系及邮购电话：(010)88254888，88258888。

质量投诉请发邮件至 zlts@phei.com.cn，盗版侵权举报请发邮件至 dbqq@phei.com.cn。

本书咨询联系方式：(010)88254468。

前 言
PREFACE

　　《Arduino从入门到精通10讲》是大学生和初识Arduino单片机爱好者的入门教程，主要从十个方面进行介绍。第1讲Arduino基础知识；第2讲百变LED灯；第3讲输入装置；第4讲输出装置；第5讲液晶显示；第6讲红外遥控；第7讲蓝牙遥控；第8讲常用传感器；第9讲创新思维构架；第10讲项目实例。

　　本书的主要特色：（1）每一讲配有相应实验练习，让读者直接了解学习和制作的过程；（2）真正让读者从零基础到可以自己动手制作想要的作品。

　　在编写本书之前，笔者研究过51单片机，上手之后发现相关寄存器以及很多库函数的使用和调用较为复杂，对于初学者来说有一定的难度。然而在使用过程中我们不难发现，在执行同样的任务时，Arduino单片机在代码数量、I/O口使用、库函数的调用上远远易于51和大多数其他类型的单片机；另外，开发板的体积也远远小于其他类型单片机，所以无论在使用还是在便携性方面都在一定程度上占据优势。

　　本书由杨帆撰写，李欣、徐军、马静参与本书的资料整理和审读指导。

　　笔者在撰写之前，在国内电子制作杂志上发表过一些个人作品，多数读者反馈制作有一定的难度，所以才编写这样一本偏入门级的、面向初学者的，知识更全、实践指导性更强的书籍。笔者在开始接触Arduino时，由于一些资源还没有开源，网络也并不发达，所以在学习和资源整合汇总方面走了一些弯路，但在哈尔滨理工大学李欣、徐军、马静三位老师的指导下，找到了更好的学习方法以及更快的整合资源的方式，在此由衷感谢三位老师。

　　由于作者水平有限，书中难免出现错误，希望广大读者能够批评指正。

目　录
CONTENTS

第1讲 | **Arduino基础** ·· 001

1．Arduino简介 ·· 002

2．Arduino种类 ·· 002

3．开发环境的配置 ·· 004

4．Arduino开发准备 ·· 007

5．软件，你好 ·· 009

6．常用元器件 ·· 011

7．数字输入 ·· 014

8．数字输出 ·· 014

9．串口输入 ·· 015

10．串口输出 ··· 017

11．模拟输入 ··· 018

12．模拟输出 ··· 018

本讲小结 ·· 019

第2讲 | **百变LED** ·· 021

1．点亮发光二极管 ·· 022

2．闪烁的发光二极管 ·· 026

3．会呼吸的LED ·· 027

4．炫彩LED灯环 ·· 029

本讲小结 ·· 033

习题2 ·· 033

第3讲 | **输入装置**·· 035

1. 按键控制LED ·· 036
2. 触摸按键控制LED ·· 040
3. 简易密码锁设计 ·· 043
本讲小结 ·· 047
习题3 ·· 047

第4讲 | **输出装置**·· 049

1. DIY音乐键盘 ··· 050
2. 旋转舵机控制 ·· 053
本讲小结 ·· 055
习题4 ·· 056

第5讲 | **液晶显示**·· 057

1. 1602液晶显示 ··· 058
2. 12864液晶显示 ··· 062
3. GPU22B液晶显示 ·· 065
本讲小结 ·· 071
习题5 ·· 071

第6讲 | **红外遥控**·· 073

1. 红外遥控点亮LED ·· 074
2. 红外遥控液晶显示 ·· 077
本章小结 ·· 080
习题6 ·· 080

第7讲 | 蓝牙遥控 ······································· 081

　　1．蓝牙控制LED ··· 083

　　2．蓝牙遥控液晶显示 ······································· 087

　　本讲小结 ··· 090

　　习题7 ··· 090

第8讲 | 常用传感器 ································· 091

　　1．温湿度模块 ··· 092

　　2．光敏传感器模块 ··· 094

　　3．人体感应模块 ··· 096

　　4．超声波模块 ··· 097

　　5．SD卡模块 ··· 099

　　6．射频模块 ··· 103

　　7．气体采集模块 ··· 107

　　8．灰尘浓度检测模块 ··· 109

　　本讲小结 ··· 112

　　习题8 ··· 112

第9讲 | 创新思维构架 ····························· 113

第10讲 | 项目实例 ··································· 117

　　1．智能射频门禁 ··· 118

　　2．智能蓝牙门禁 ··· 125

　　3．基于Processing蓝牙智能小车 ···················· 133

　　4．室内参数报警器 ··· 140

第 1 讲

Arduino 基础

1. Arduino 简介

Arduino是一个开放原代码、硬软件整合、方便中小型系统开发的平台，包含硬件（各种型号的Arduino板）和软件（Arduino IDE）。现在市场上最多的，也是初学者最早使用的，就是Arduino UNO系列。在这款单片机上，提供了用户使用的数字I/O口、模拟I/O口，也支持SPI、IIC、UART的串口通信。Arduino能通过各种各样的传感器来感知环境，通过控制灯光、电动机和其他的装置来反馈、影响环境。板子上的微控制器可以通过Arduino的编程语言来编写程序，编译成二进制文件，烧录进微控制器。

Arduino开发板的四大特性是：跨平台、简单清晰、开放性和发展迅速。首先，Arduino IDE可以在Windows、Macintosh OS X、Linux三大主流操作系统上运行，而其他的大多数控制器只能在Windows上开发。其次，Arduino语言基于wiring语言开发，是对 avr-gcc库的二次封装，不需要太多的单片机基础、编程基础，简单学习后，也可以快速地进行开发。值得一提的是，Arduino的硬件原理图、电路图、IDE软件及核心库文件都是开源的，在开源协议范围内可以任意修改原始设计及相应代码。最后，由于Arduino的各种特性，越来越被初识单片机的开发者们所信赖。

2. Arduino 种类

Arduino常用的种类有：Arduino Mini、Arduino Nano、Arduino Leonardo、Arduino UNO、Arduino Mega 2560等，由于开发的方便和个人要求的简约设计，多数都以Arduino UNO和Arduino Pro mini作为开发的平台。

1） Arduino UNO

Arduino UNO最大尺寸为2.7×2.1 inches。作为Arduino平台的参考标准模板，UNO的处理器核心是ATmega328，同时具有14路数字输入/输出口（其中6路可作为PWM输出），6路模拟输入，一个16MHz晶体振荡器，一个USB口，一个电源插座，一个ICSP header和一个复位按钮。UNO已经发布到第三版，与前两版相比有以下新的特点：（1）在AREF处增加了两个引脚SDA和SCL，支持I^2C接口；增加IOREF和一个预留引脚，将来扩展板将能兼容5V和3.3V核心板。（2）改进了复位电路设计。（3）USB接口芯片由ATmega16U2替代了ATmega8U2。

在输入/输出方面，Arduino UNO 具有14路数字输入/输出口：工作电压为5V，每一路能输出和接入最大电流为40mA。每一路配置了20-50kΩ内部上拉电阻（默认不连接）。除此之外，有些引脚有特定的功能。串口信号RX（0号）、TX（1号）：与内部 ATmega8U2 USB-to-TTL 芯片相连，提供TTL电压水平的串口接收信号。外部中断（2号和3号）：触发中断引脚，可设成上升沿、下降沿或同时触发。脉冲宽度调制PWM（3、5、6、9、10 、11）：提供6路8位PWM输出。SPI（10（SS），11（MOSI），12（MISO），13（SCK））：SPI通信接口。LED（13号）：Arduino专门用于测试LED的保留接口，输出为高时点亮LED，反之输出为低时LED熄灭。6路模拟输入A0到A5：每一路具有10位的分辨率（即输入有1024个不同值），默认输入信号范围为0到5V，可以通过AREF调整输入上限。除此之外，有些引脚有特定功能。TWI接口（SDA A4和SCL A5）：支持通信接口（兼容I^2C总线）。AREF：模拟输入信号的参考电压。Reset：信号为低时复位单片机芯片。

在通信接口方面，串口有：ATmega328内置的UART可以通过数字口0（RX）和1（TX）与外部实现串口通信；ATmega16U2可以通过访问数字口来实现USB上的虚拟串口；以及TWI（兼容I^2C）接口和SPI 接口等。整体外观如图1.1所示。

图 1.1　Arduino UNO 主控板

2）Arduino ProMini

Arduino ProMini是Arduino Mini的半定制版本，所有外部引脚通孔没有焊接，与Mini版本引脚兼容。Arduino ProMini的处理器核心是ATmega168，同时具有14路数字输入/输出口（其中6路可作为PWM输出），6路模拟输入，一个晶体谐振，一个复位按钮。有两个版本：工作在3.3V和8MHz时钟，工作在5V和16MHz时钟。

Arduino ProMini与Arduino UNO的区别和特色是：支持ISP在线烧写，可以将新的"bootloader"固件烧入ATmega8或ATmega128芯片。有了bootloader之后，可以通过串口或者USB to Rs232线更新固件。可依据官方提供的Eagle格式PCB和SCH电路图，简化Arduino模组，完成独立运作的微处理控制，也可简单地与传感器、各式各样的电子元件连接。Arduino ProMini主控板整体外观如图1.2所示。

图1.2   Arduino ProMini 主控板整体外观

3. 开发环境的配置

目前笔者常用的Arduino IDE编程环境软件是1.0.6，下载链接链接为：http: //pan. baidu.com/s/1bpre0aV 密码：viyj（当然读者也可以到Arduino的中文官方网站下载最新的软件IDE，之后将库文件添加其中即可），将文件解压在本地的文件夹中，找到drivers文件夹，以图1.3所示计算机为例（win7_64位），找到对应位数的驱动进行安装，驱动安装目录如图1.3所示。

图1.3   驱动安装目录

点击始终安装此驱动软件，如图1.4所示。

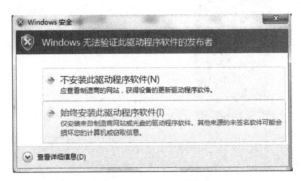

如图 1.4 安装软件提示

勾选"始终信任来自Arduino srl的软件"，并点击安装按钮，如图1.5所示。
勾选"始终信任来自Arduino LLC的软件"，并点击安装按钮，如图1.6所示。

图 1.5 信任 Arduino srl

图 1.6 信任 Arduino LLC

点击完成，结束安装，如图1.7所示。

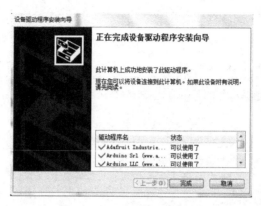

图 1.7　驱动安装成功界面

找到Arduino文件夹中的arduino.exe，点击进入，开启画面如图1.8所示。

图 1.8　Arduino 软件开启界面

将开发板通过USB连接线接上计算机，系统正常运行并分配COM口，如图1.9所示。

图 1.9　COM 口自动安装

编程主界面如图1.10所示。根据现有的开发板，选择没有被占用的COM口，如图1.11所示。

图 1.10 Arduino IDE 界面

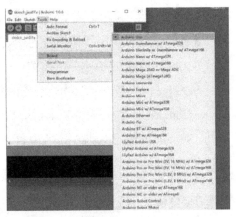

图 1.11 编译环境选择开发板图

验证按钮：对于已编写的程序进行校验。

上传按钮：将已经校验好的程序烧录到开发板中。

新建按钮：新建Arduino程序。

打开按钮：打开已编写好或者网上开源的程序文件。

保存按钮：保存已编写好的Arduino程序。

4. Arduino 开发准备

1）Arduino 程序框架

Arduino程序主要可分为两个框架：

Setup（）——函数在程序开始时，可以初始化变量，接口模式以及库函数的启用灯。

Loop（）——在setup（）之后，主要目的是让Loop中的函数被循环执行。

2）常用的基本函数

（1）pinMode（接口名，OUTPUT或INPUT），将接口定义为输入或输出接口，用在setup（）函数里。

（2）digitalWrite（接口名，HIGH或LOW），将数字接口值置高或置低。

（3）digitalRead（接口名），读出数字接口的值。

（4）analogWrite（接口名，数值），给一个接口写入模拟值（PWM波）。

（5）analogRead（接口名），从指定的模拟接口读取值，Arduino对该模拟值进行10bit的数字转换，可将0～5V的电压值转换成0～1023间的整数值。

（6）delay（），延时一段时间，以毫秒为单位。

（7）Serial.begin（波特率），设置串行每秒传输的数据的速率。

（8）Serial.read（），读取持续输入的数据。

（9）Serial.print（数据），从串行端口输出数据。

（10）Serial.println（数据），从串行端口换行输出数据。

这十种为用到的基本函数，还有很多，以后需要慢慢学习。

3）语言库文件

官方库文件

· EEPROM- EEPROM读写程序库

· Ethernet- 以太网控制器程序库

· LiquidCrystal-LCD控制程序库

· Servo- 舵机控制程序库

· SoftwareSerial- 任何数字I/O口模拟串口程序库

· Stepper- 步进电机控制程序库

· Wire-TWI/I2C总线程序库

· Matrix - LED矩阵控制程序库

· Sprite - LED矩阵图像处理控制程序库

非官方库文件

· DateTime - a library for keeping track of the current date and time in software

· Debounce - for reading noisy digital inputs （e.g. from buttons）

· Firmata - for communicating with applications on the computer using a standard serial protocol

· GLCD - graphics routines for LCD based on the KS0108 or equivalent chipset

· LCD - control LCDs （using 8 data lines）

· LCD 4 Bit - control LCDs （using 4 data lines）

· LedControl - for controlling LED matrices or seven-segment displays with a MAX7221 or MAX7219

· LedControl - an alternative to the Matrix library for driving multiple LEDs with Maxim chips

· Messenger - for processing text-based messages from the computer

· Metro - help you time actions at regular intervals

· MsTimer2 - uses the timer 2 interrupt to trigger an action every N milliseconds

· OneWire - control devices （from Dallas Semiconductor） that use the One Wire protocol

· PS2Keyboard - read characters from a PS2 keyboard

· Servo - provides software support for Servo motors on any pins

· Servotimer1 - provides hardware support for Servo motors on pins 9 and 10

· Simple Message System - send messages between Arduino and the computer

· SSerial2Mobile - send text messages or emails using a cell phone （via AT commands over software serial）

· TextString - handle strings

· TLC5940 - 16 channel 12 bit PWM controller

· X10 - Sending X10 signals over AC power lines

4）数据类型

· boolean　　　　布尔
· char　　　　　字符
· byte　　　　　字节
· int　　　　　　整数
· unsigned int　无符号整数
· long　　　　　长整数
· unsigned long　无符号长整数
· float　　　　　浮点
· double　　　　双字节浮点
· string　　　　字符串
· array　　　　　数组

5. 软件，你好

1）Altium Designer

　　Altium Designer 是原Protel软件开发商Altium公司推出的一体化的电子产品开发系统，主要运行在Windows操作系统。这套软件通过把原理图设计、电路仿真、

PCB绘制编辑、拓扑逻辑自动布线、信号完整性分析和设计输出等技术的完美融合，为设计者提供了全新的设计解决方案，使设计者可以轻松进行设计，熟练使用这一软件必将使电路设计的质量和效率大大提高，软件开启界面如图1.12所示。

图 1.12　Altium Designer 软件开启界面

Altium Designer 除了全面继承包括Protel 99SE、Protel DXP在内的先前一系列版本的功能和优点外，还增加了许多改进和很多高端功能。该平台拓宽了板级设计的传统界面，全面集成了FPGA设计功能和SOPC设计实现功能，从而允许工程设计人员能将系统设计中的FPGA与PCB设计及嵌入式设计集成在一起。由于Altium Designer 在继承先前Protel软件功能的基础上，综合了FPGA设计和嵌入式系统软件设计功能，Altium Designer 对计算机的系统需求比先前的版本要高一些。

我们在制作一个硬件的系统时，为了保证体积和其他因素的要求，便会制作单独的PCB板来完成。在软件上也提供了一环扣一环的操作，从原理图绘制，库文件的绘制，到生成PCB文件，最后到出板，Altium Designer相对于其他的软件也更加专业和方便。

2）Fritzing

Fritzing是个电子设计自动化软件。它支持设计师、艺术家、研究人员和爱好者参加从物理原型到进一步实际的产品，还支持用户记录其Arduino和其他电子为基础的原型，与他人分享。软件开启界面如图1.13所示。

图 1.13　Fritzing 软件开启界面

这款软件主要用于我们日常写作教程的过程中使用，方便为了让读者更加直观清晰地了解硬件接线的方式。

3）Photoshop

Photoshop主要处理像素构成的数字图像，使用其众多的编修与绘图工具，可以有效地进行图片编辑工作。ps有很多功能，在图像、图形、文字、视频、出版等各方面都有涉及。软件开启界面如图1.14所示。

图 1.14　photoshop 软件开启界面

该软件虽然在我们设计硬件时使用频率较低，但在设计硬件屏幕上的画面时，起到重要的作用，也是其他软件不能完全替代的。

6. 常用元器件

1）面包板

面包板上有很多小插孔，专为电子电路的无焊接实验设计制造的。由于各种电子元器件可根据需要随意插入或拔出，免去了焊接，节省了电路的组装时间，而且元件可以重复使用，所以非常适合电子电路的组装、调试和训练。面包板如图1.15所示。

在面包板上读者们可以看到，边缘处有两条红色和蓝色的线，这表示所在行是连通的，进行硬件接线时，可以默认这两行为接地和VCC，既方便接线，又可以解决硬件接线过多时，面包板线孔过少的问题。

图 1.15　面包板

2）色环电阻

硬件电路简单设计中，色环电阻因其价格低廉，成为最常用的电阻类元器件。电阻的作用是保护电路和限制个别元器件的电流大小。在设计硬件电路时，不同的模块需要用到的电阻大小也不同。下面先来看看怎样区分色环电阻的阻值大小，如图1.16所示。

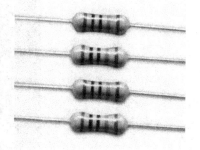

图 1.16　色环电阻

四色环电阻是指用四条色环表示阻值的电阻，从左向右数，第一道色环表示阻值的最大一位数字；第二道色环表示阻值的第二位数字；第三道色环表示阻值倍乘的数；第四道色环表示阻值允许的偏差（精度）。例如，一个电阻的第一环为橙色（代表3）、第二环为灰色（代表8）、第三环为棕色（代表10倍）、第四环为金色（代表±5%），那么这个电阻的阻值应该是380Ω，阻值的误差范围为±5%。

色环	第一环	第二环	第三环	第四环
黑	0	0	1	—
棕	1	1	10	±1%
红	2	2	100	±2%
橙	3	3	1000	—
黄	4	4	10000	—
绿	5	5	100000	±0.5%
蓝	6	6	1000000	±0.2%

（续表）

色环	第一环	第二环	第三环	第四环
紫	7	7	10000000	+/-0.1%
灰	8	8	100000000	—
白	9	9	1000000000	+5~-20%
金	—	—	—	+-5%
银	—	—	—	+-10%

3）电容

电容也是在硬件设计中不可缺少的元器件，在设计中使用次数较多的为电解电容，优点就是价格低廉，使用方便，别看一个小小的电容，作用可大着呢！

隔直流：作用是阻止直流通过而让交流通过。旁路（去耦）：为交流电路中某些并联的元件提供低阻抗通路。耦合：作为两个电路之间的连接，允许交流信号通过并传输到下一级电路。滤波：这对DIY而言很重要，显卡上的电容基本都是此作用。温度补偿：针对其他元件对温度的适应性不够带来的影响，而进行补偿，改善电路的稳定性。计时：电容器与电阻器配合使用，确定电路的时间常数。调谐：对与频率相关的电路进行系统调谐，比如手机、收音机、电视机。整流：在预定的时间开或者关半闭导体开关元件。储能：储存电能，用于必须要的时候释放。例如相机闪光灯、加热设备等。如今某些电容的储能水平已经接近锂电池的水准，一个电容储存的电能可以供一个手机使用一天。电解电容如图1.17所示。

图 1.17　电解电容

4）电源

在使用Arduino硬件开发时，通常需要的供电电压是3.3 ~ 5V，所以读者们在设计硬件电路时，可以使用Arduino开发板上的引脚给外围电路供电，也可以使用锌锰电池或者锂电池进行供电。但无论使用哪种方式进行供电，都要记得正负极不要短接或接反，否则会带来难以想象的后果。

7. 数字输入

在数字电路中开关（switch）是一种基本的输入形式，它的作用是保持电路的连接或者断开。Arduino从数字I/O引脚上只能读出高电平（5V）或者低电平（0V），因此我们首先面临到的一个问题就是如何将开关的开/断状态转变成Arduino能够读取的高/低电平。解决的办法是通过上/下拉电阻，按照电路的不同通常又可以分为正逻辑（Positive Logic）和负逻辑（Inverted Logic）两种。

在正逻辑电路中，开关一端接电源，另一端则通过一个10kΩ的下拉电阻接地，输入信号从开关和电阻间引出。当开关断开的时候，输入信号被电阻"拉"向地，形成低电平（0V）；当开关接通的时候，输入信号直接与电源相连，形成高电平。对于经常用到的按压式开关来讲，就是按下为高，抬起为低。

8. 数字输出

Arduino的数字I/O被分成两个部分，其中每个部分都包含有6个可用的I/O引脚，即引脚2到引脚7和引脚8到引脚13。除了引脚13上接了一个1kΩ的电阻之外，其他各个引脚都直接连接到单片机上，如图1.18所示。

电路中在每个I/O引脚上加的1kΩ电阻被称为限流电阻，由于发光二极管在电路中没有等效电阻值，使用限流电阻可以使元件上通过的电流不至于过大，能够起到保护的作用。下载并运行该工程，连接在Arduino数字I/O引脚2到引脚7上的发光二极管会依次点亮0.1秒，然后熄灭。

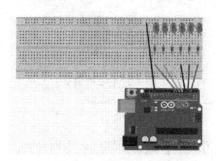

图 1.18 数字输出模拟图

程序示例：

```
int vaule1 = 2;

int NUM = 6;

int vaule2 = 0;

void setup ( )

{

for (int i = vaule1; i < vaule1 + NUM; i ++) {

    pinMode ( i, OUTPUT );

}

}

void loop ( )

{

for (int i = vaule1; i < vaule1+ NUM; i ++) {

    digitalWrite ( i, LOW );

}

digitalWrite ( vaule1 + vaule2 HIGH );

index = ( vaule2 + 1 ) % NUM;

delay ( 100 ) ;

}
```

9. 串口输入

　　串行通信是实现PC与微控制器交互的最简单的办法。之前的PC机上一般都配有标准的 RS-232或者RS-422接口来实现串行通信，但现在这种情况已经发生了一些改变，读者更倾向于使用USB这样一种更快速但同时也更加复杂的方式来实现串行通信。尽管在有些计算机上现在已经找不到RS-232或者RS-422接口了，但我们仍可以通过USB/串口或者PCMCIA/串口这样的转换器，在这些设备上得到传统的串口。

　　通过串口连接的Arduino在交互式设计中能够为PC机提供一种全新的交互方式，比如用PC机控制一些之前看来非常复杂的事情，像声音和视频等。很多场合都要求Arduino能够通过串口接收来自于PC机的命令，并完成相应的功能，这可以通过Arduino语言中提供的 Serial.read（）函数来实现。

把程序下载到Arduino模块中之后，在Arduino集成开发环境中打开串口监视器并将波特率设置为9600，然后向Arduino模块发送字符A。我们会发现板载的LED亮了四次，如图1.19所示。

图 1.19　串口输入模拟图

程序示例：

```
int ledPin = 13;
int val;
void setup ( ) {
pinMode ( ledPin, OUTPUT );
Serial.begin ( 9600 );
}
void loop ( ) {
val = Serial.read ( );
if (-1 != val) {
```

```
    if ('A' == val) {
    digitalWrite(ledPin, HIGH);
    delay(500);
    digitalWrite(ledPin, LOW);
  Serial.print("Available: ");
    Serial.println(Serial.available(), DEC);
    }}}
```

10. 串口输出

在许多实际应用场合中我们会要求在Arduino和其他设备之间实现相互通信，而最常见和最简单的办法就是使用串行通信。在串行通信中，两个设备之间一个接一个地来回发送数字脉冲，它们之间必须严格遵循相应的协议以保证通信的正确性。

在PC机上最常见的串行通信协议是RS-232串行协议，而在各种微控制器（单片机）上采用的则是TTL串行协议。由于这两者的电平有很大的不同，因此在实现PC机和微控制器的通信时，必须进行相应的转换。完成RS-232电平和TTL电平之间的转换一般采用专用芯片，如MAX232等，但在Arduino上是用相应的电平转换电路来完成的。

根据Arduino的原理图我们不难看出，ATmega的RX和TX引脚一方面直接接到了数字I/O端口的0号和1号引脚，另一方面又通过电平转换电路接到了串口的母头上。因此，当需要Arduino与PC机通信时，可以用串口线将两者连接起来；当需要Arduino与微控制器（如另一块Arduino）通信时，则可以用数字I/O端口的0号和1号引脚。

串行通信的难点在于参数的设置，如波特率、数据位、停止位等，Arduino可以使用Serial.begin()函数来简化这一任务。为了实现数据的发送，Arduino提供了Serial.print()和Serial.println()两个函数，它们的区别在于后者会在请求发送的数据后面加上换行符，以提高输出结果的可读性。

将程序下载到Arduino模块中之后，打开串口监视器，如果一切正常，此时我们就可以在串口监视器上看到"Hello World"了，如图1.20所示。

图 1.20　串口输出模拟图

11.　模拟输入

模拟输入是从指定的模拟引脚读取值。Arduino主板有6个通道（Mini和Nano有8个，Mega有16个），10位AD（模数）转换器。这意味着输入电压0～5V对应0～1023的整数值。这就是说读取精度为：5伏/1024个单位，约等于每个单位0.049V（4.9mV）。输入范围和进度可以通过analogReference（）进行修改。模拟输入的读取周期为100微秒（0.0001秒），所以最大读取速度为每秒10000次。

12.　模拟输出

模拟输出即将模拟值（PWM波）输出到引脚。可用于在不同的光线亮度调节发光二极管亮度或以不同的速度驱动电动机。调用analogWrite（）后，该引脚将产生一个指定占空比的稳定方波，直到下一次调用analogWrite（）（或在同一引脚调用digitalRead（）或digitalWrite（））。PWM的信号频率约为490Hz。

在大多数Arduino板（带有ATmega168或ATmega328），这个函数工作在引脚3，5，6，9，10和11。在Arduinomega上，为2～13号引脚，老版本的带有ATmega8的Arduino板只支持9，10，11引脚上使用。读者并不需要在调用analogWrite（）之前为设置输入引脚而调用pinMode（）。

本讲小结

　　Massimo Banzi与团队共同开发的Arduino是一款微型的，使用便捷的源代码微控制器。它激励着全世界成千上万的人去做他们认为最酷的事情——从艺术设计到卫星通信设备，让从前这些需要使用昂贵的源代码微控制器的交互式项目变得可以负担。因为，正如他所说："当你需要去做一些伟大的事情的时候，你不需要任何人的许可。"

　　在如今众多的电子开发中，Arduino扮演着重要的角色。随着时代的进步，Arduino也在不断更新。最新款的Arduino 101/Genuino 101是一个性能出色的低功耗开发板，它基于Intel®Curie™模组，价格亲民，使用简单。

　　101不仅有着和UNO一样特性和外设，还额外增加了 Bluetooth LE 和 6轴加速计、陀螺仪，能助你更好地释放创造力，让你轻松地连接数字与物理世界。模块包含一个x86的夸克核心和一个32bit的ARC架构核心（Zephyr），时钟频率都是32MHz，Intel的交叉工具链可以完成两个核心的开发。Intel开发的一个实时操作系统和开发框架会在2016年3月开源，但是那时并不能直接与101对接，只能通过arduino核心的动态消息盒子来操作，所以只有有限的功能可以被使用（和PC的交互通过USB接口，下载程序到flash，使用蓝牙和PWM），此款单片机使用的实时操作系统还在开发中，新的功能将于近期发布。

　　从Intel角度来看，能够和Arduino合作也是一大挑战，不过在挑战的背后我们也能够看出Arduino的发展前景，所以掌握此款单片机的开发，也是为学好嵌入式硬件打下坚实的基础。

第 2 讲
百变 LED

有些人认为，一个小小的LED灯没有什么技术含量其实随着开发的复杂程度越来越高，你会慢慢发现，一颗小小的LED灯，在调试整体程序时，会有很大的帮助。

我们先来了解下什么是LED。发光二极管简称为LED，由含镓（Ga）、砷（As）、磷（P）、氮（N）等的化合物制成，以上物质的电子与空穴复合时能辐射出可见光，据此可以制成发光二极管。在电路及仪器中作为指示灯，或者组成文字或数字显示。砷化镓二极管发红光，磷化镓二极管发绿光，碳化硅二极管发黄光，氮化镓二极管发蓝光。根据化学性质的不同，二极管又分有机发光二极管OLED和无机发光二极管LED。

LED只能向一个方向导通（通电），叫作正向偏置（正向偏压），当电流流过时，电子与空穴在其内复合而发出单色光，这叫电致发光效应，而光线的波长、颜色跟其所采用的半导体材料种类与掺入的元素杂质有关，具有效率高、寿命长、不易破损、开关速度高、高可靠性等传统光源所不及的优点。

那么接下来我们就小试牛刀，看看怎么让这个发光二极管亮起来！

1. 点亮发光二极管

目标功能：编写程序通过Arduino单片机控制LED亮灭，实现LED发光二极管的自动控制。

准备工作：Arduino UNO开发板一块，面包板一块，LED发光二极管一个，220Ω电阻一个，导线若干，如图2.1所示。

图 2.1　所需器件

注意事项：牢记LED发光二极管的正负极，长正短负，否则将断指烧毁二极管，甚至烧毁单片机；由于I/O口处于高电平时，电压过高，为防止产生电流过大而烧毁二极管，建议在二极管两端串联一个220Ω的电阻，如图2.2所示。

图 2.2　接线图

编程与接线：在单片机上编写程序，选择对应的单片机型号，如图2.3所示。

图 2.3　IDE 选择开发板图

选择好对应的COM口，如图2.4所示。

图2.4　IDE 选择 COM 口图

在Arduino IDE中编写程序，进行程序校验并下载，代码编译如图2.5所示。代码下载成功状态如图2.6所示。

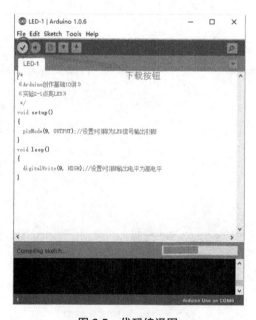

图2.5　代码编译图

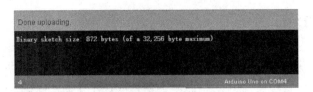

图 2.6　代码下载成功图

将发光二极管的正极接在开发板的9号引脚，另一端接在GND端。程序下载成功之后可以发现，面包板上的LED发光二极管亮了起来，实验成功。点亮状态如图2.7所示。

图 2.7　点亮状态图

实验总结：整体实验操作并不困难，涉及的元器件较少，编程难度较为低。

实验2-1程序示例

```
void setup ( )
{
    pinMode ( 9, OUTPUT ) ; //设置9引脚为LED信号输出引脚
}
void loop ( )
{
    digitalWrite ( 9, HIGH ) ; //设置9引脚输出电平为高电平
}
```

2. 闪烁的发光二极管

如何让LED发光二极管熄灭呢？如何让发光二极管闪烁起来呢？

目标功能：编写程序通过arduino单片机控制LED闪烁，实现LED发光二极管的闪烁提示等功能。

准备工作：Arduino UNO开发板一块，面包板一块，LED发光二极管一个，220Ω电阻一个，导线若干。

注意事项：牢记LED发光二极管的正负极，长正短负，否则将断指烧毁二极管，甚至烧毁单片机；由于I/O口处于高电平时，电压过高，为防止产生电流过大而烧毁二极管，建议在二极管两端串联一个220Ω的电阻。

编程与接线：将二极管的正极接在开发板的9号引脚上，负极接在GND端；在程序设计时，要先思考如何能将发光二极管闪烁？这个也不难实现，先将发光二极管一侧输入高电平，延时一段时间后，输入低电平，此时发光二极管熄灭，再延时一段时间后，发光二极管输入一侧重新获得高电平，发光二极管被点亮，达到闪烁效果，由于闪烁效果在书中体现不明显，所以这里只提供程序实例。程序设计如图2.8所示。

图 2.8　程序设计图

涉及语法：delay（ ）

作用：其作用是产生一个延时，计量单位是毫秒。

实验总结：在调试程序中，检验程序时，将闪烁的发光二极管加入其中，将更直观地发现程序运行中哪里出现的问题。

实验2-2程序示例

```
void setup()
{
    pinMode(9, OUTPUT); //设置9引脚为LED信号输出引脚
}
void loop()
{
    digitalWrite(9, HIGH); //设置9引脚输出电平为高电平
    delay(500); //延时500毫秒
    digitalWrite(9, LOW); //设置9引脚输出电平为低电平
    delay(500); //延时500毫秒
}
```

3. 会呼吸的 LED

目标功能：实现LED的逐渐变换亮灭，成功实现"呼吸灯"。

准备工作：Arduino UNO开发板一块，面包板一块，LED发光二极管一个，220Ω电阻一个，导线若干。

注意事项：牢记LED发光二极管的正负极，长正短负，否则将断指烧毁二极管，甚至烧毁单片机；由于I/O口处于高电平时，电压过高，为防止产生电流过大而烧毁二极管，建议在二极管两端串联一个220Ω的电阻。

编程与接线：将二极管的正极接在开发板的9号引脚上，负极接在GND端；在程序设计时，要先思考如何能将发光二极管变成呼吸的状态？本次实验通过PWM来控制一盏LED灯，让它慢慢变亮再慢慢变暗，如此循环。因此我们就要先了解了解什么是PWM。

脉宽调制（PWM）基本原理：控制方式就是对逆变电路开关器件的通断进行控制，使输出端得到一系列幅值相等的脉冲，用这些

脉冲来代替正弦波或所需要的波形。也就是在输出波形的半个周期中产生多个脉冲，使各脉冲的等值电压为正弦波形，所获得的输出平滑且低次谐波少。按一定的规则对各脉冲的宽度进行调制，既可改变逆变电路输出电压的大小，也可改变输出频率。

涉及语法：analogWrite（pin，value）。

作用：给端口写入一个模拟值（PWM波），可以用来控制LED灯的亮度变化，或者以不同的速度驱动电动机。当执行analogWrite（）命令后，端口会输出一个稳定的占空比的方波。除非有下一个命令来改变它。PWM信号的频率大约为490Hz。

程序设计如图2.9所示。整体效果图如2.10所示。

图2.9　程序设计图

图2.10　整体效果图

实验总结：呼吸灯不仅仅是一个会亮度自增自减的LED，所涉及的PWM脉冲可以应用到电机设计等很多的地方，该实验有助于以后更多传感器的学习。

实验2-3程序示例

```
int bright = 0;      //定义整数型变量bright与其初始值，表示LED的亮度
int change = 5;      //定义整数型变量change，表示亮度变化的增减量
void setup()
{
    pinMode(9, OUTPUT); // 设置9号口为输出端口
}
void loop()
{
analogWrite(9, bright); //把bright的值写入9号端口
bright = bright + change; //改变bright值，使亮度在下一次循环发生改变
if (bright == 0 || bright == 255)
{
change = -change ;   //在亮度最高与最低时进行转变
}
delay(30);   //延时30毫秒
}
```

4. 炫彩 LED 灯环

目标功能：利用现有的FC-102 Rainbow LED模块，实现彩色灯环的控制。

准备工作：Arduino UNO开发板一块，FC-102 Rainbow LED模块一个，导线若干，如图2.11所示。

FC-102 Rainbow LED简介：这个模块是由16个5050LED贴片LED构成的，5050LED是一种贴片式LED芯片的封装尺寸（5mm×5mm×1.6mm），有多芯片和单芯片的

不同品种，白色品种的工作电压和普通LED的一样，只需要3.2~3.4V，电流最大为60mA、最小为20mA。有红绿蓝三芯片的要分开控制，可以全彩色变化，发光角度为125°。整体模块由VCC、GND和一个输入信号引脚组成，通过程序可将16个LED同时控制变换各种颜色，非常漂亮；但在此阶段只供参考，不做过多讲解。

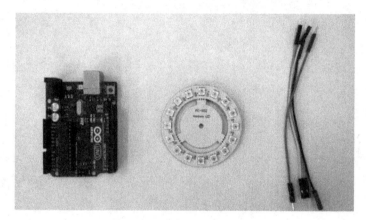

图 2.11　炫彩 LED 所需器件

涉及的库函数Adafruit_NeoPixel.h在解压后复制到arduino的library文件夹中（为了方便，正在下载的Arduino库已经加入），整体效果如图2.12所示。

图 2.12　整体效果图

实验2-4程序示例

```cpp
#include <Adafruit_NeoPixel.h>
#define PIN 6
#define LED_COUNT 180
Adafruit_NeoPixel leds = Adafruit_NeoPixel(LED_COUNT, PIN, NEO_
GRB + NEO_KHZ800);
void setup()
{
    leds.begin();
    clearLEDs();
    leds.show();
}
void loop()
{
    for (int i=0; i<LED_COUNT; i++)
  {
    rainbow(i);
    delay(50);
  }
}
void clearLEDs()
{
  for (int i=0; i<LED_COUNT; i++)
  {
    leds.setPixelColor(i, 0);
  }
}
void rainbow(byte startPosition)
{
  int rainbowScale = 192 / LED_COUNT;
```

```
    for (int i=0; i<LED_COUNT; i++)
    {
      leds.setPixelColor(i, rainbowOrder((rainbowScale * (i +
startPosition)) % 192));
    }
    leds.show();
}
  uint32_t rainbowOrder(byte position)
  {
    if (position < 31)  // Red -> Yellow
    {
      return leds.Color(0xFF, position * 8, 0);
    }
    else if (position < 63)  // Yellow -> Green
    {
      position -= 31;
      return leds.Color(0xFF - position * 8, 0xFF, 0);
    }
    else if (position < 95)  // Green->Aqua
    {
      position -= 63;
      return leds.Color(0, 0xFF, position * 8);
    }
    else if (position < 127)  // Aqua->Blue
    {
      position -= 95;
      return leds.Color(0, 0xFF - position * 8, 0xFF);
    }
    else if (position < 159)  // Blue->Fuchsia
    {
      position -= 127;
      return leds.Color(position * 8, 0, 0xFF);
```

```
  }
  else  // Fuchsia->Red
  {
    position -= 159;
    return leds.Color(0xFF, 0x00, 0xFF - position * 8);
  }
}
```

本讲小结

看似简单的LED发光二极管，其实可以用来做很多事情。比如电子屏幕广告多数是基于LED发光二极管的升级改造。一个发光二极管能做的事情很少，但是一群"有组织"的LED发光二极管就会组成一个大的LED点阵，可以显示汉字、字符，甚至图片和视频。市场上现有的电子广告几乎都是这个原理，那么读者你们呢？会想到什么更好的设计吗？

习题2

1.使用6个LED发光二极管，依次每隔1秒顺序点亮，观察现象。

2.组装一个8×8的LED发光二极管点阵，显示一个你喜欢的汉字，观察现象。

第 3 讲
输入装置

上一讲介绍的LED发光二极管，可以在程序下控制发光。这一讲我们利用输入装置来控制硬件的状态。

输入装置原指标签打印机使用何种装置进行信息的输入。一般来说，标签打印机的输入装置就是产品自带的键盘。和标准的计算机键盘不同，标签打印机键盘上键的数量要少得多，排列上也有所不同，并且为了方便用户的使用，还会设置许多的功能键。在arduino中，笔者认为输入装置起到的作用是人通过直接或者间接的方式给单片机一定信号从而让单片机执行一定的功能。

本讲将介绍三种方式：按键、触摸以及键盘的方式。市面上可以作为输入量的装置有很多。例如我们常听到的"开关"，是指一个可以使电路开路、使电流中断或使其流到其他电路的电子元件。最常见的开关是让人操作的机电设备，其中有一个或数个电子接点。接点的"闭合"（closed）表示电子接点导通，允许电流流过；开关的"开路"（open）表示电子接点不导通形成开路，不允许电流流过，这是一个典型也是较为简单的输入量；再比如一些红外感应的开关，也叫做热释电红外感应开关，其工作原理为只要温度高于绝对零度（−273℃），就不断向外发出红外辐射，物体的温度越高，所发射的红外辐射峰值波长就越小，发出红外辐射的能量则越大。当人进入感应范围时，热释电红外传感器可以探测到人体红外光谱的变化，自动接通负载，人不离开感应范围，将持续接通；人离开后，延时自动关闭负载。

在单片机领域，输入装置也起到至关重要的作用，通过输入装置的输入量改变单片机执行任务，为人机交互提供了重要的手段。

下面就让我们一起动手体验吧！

1. 按键控制 LED

目标功能：通过按键控制LED发光二极管的亮灭，实现手动控制。

准备工作：Arduino UNO开发板一块，自锁开关一个，LED发光二极管一个，220Ω电阻一个，导线若干，如图3.1所示。

实验之前让我们先了解一下什么是自锁开关。

自锁开关一般是指开关自带机械锁定功能，按下去，松手后按钮是不会完全跳起来的，处于锁定状态，需要再按一次，才解锁完全跳起来；实际上带自锁开关与轻触开关是从不同方面来描述开关性能的；"自锁"是指开关能通过锁定机构保持某种状态（通或断），"轻触"是说明操作开关使用的力量大小。

图 3.1 按键控制 LED 所需器件图

自锁开关未按下和按下原理示意如图3.2和图3.3所示。

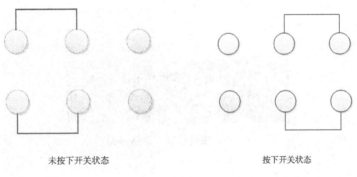

未按下开关状态   按下开关状态

图 3.2 按键断开图   图 3.3 按键闭合图

注意事项：如果忘记了开关的状态时，我们也可以采用万用表测量通断的状
　　　　态；在连接LED发光二极管时，看好正负极。

编程与接线：将自锁开关两个引脚一个接到GND，另个接到A1端口；LED发光
　　　　二极管正极侧串联电阻接到10号引脚，负极侧接到GND，如图3.4
　　　　所示。

图 3.4 按键控制硬件连接图

软件编译如图3.5所示。

图 3.5　按键控制软件编译图

实验总结：由实验结果可以发现，当烧录程序之后，按键断开，LED发光二极管是熄灭状态，如图3.6所示；当按下自锁开关后，LED发光二极管被持续点亮，再次按下按钮，LED发光二极管熄灭，如图3.7所示。

图 3.6　按键断开现象图

图 3.7　按键闭合现象图

实验3-1程序实例

```
#define led 10
void setup ( )
{
  pinMode ( led, OUTPUT ) ;
}
void loop ( )
{
  int i; //定义变量
  while ( 1 )
  {
    i=analogRead ( 1 ) ; //读取模拟1口电压值
    if ( i>1000 ) //如果电压值大于1000 ( 即4.88V )
      digitalWrite ( led, HIGH ) ; //点亮led灯
    else
      digitalWrite ( led, LOW ) ; //熄灭led灯
  }
}
```

2. 触摸按键控制 LED

目标功能：通过触摸按键来控制LED发光二极管的亮灭，实现智能控制。

准备工作：Arduino UNO开发板一块，触摸开关一个，LED发光二极管一个，220Ω电阻一个，导线若干，如图3.8所示。

图 3.8   触摸按键控制 LED 所需器件

触摸开关：触摸键采用的是电容式感应技术。我们知道人体是导电的，而电容式感应按键下方的电路能产生分布均匀的静电场，当我们的手指移到按键的上方时，按键表面的电容发生了改变，单片机依据这种电容的改变来做出判断，实现预定的功能。电容式按键使用起来非常方便，只须摸，无须用力按，就可操作。

触摸检测IC的设计，取代了传统的键与可变区按钮键的设计，整体的设计也较为简单，整体尺寸为15.5mm×23.5mm，如图3.9所示。

触摸引脚介绍：

SIG —— 信号引脚，单片机可以通过这个引脚作为信号端，来控制整个触摸模块。

VCC——电源正极端。

GND——接地端。

注意事项：注意触摸开关模块的正负极不要接错以及发光二极管的正负极不要接反。

编程与接线：将触摸模块的VCC和GND分别接到单片机上，输出接到8号引脚，LED发光二极管正极侧串联电阻接到10号引脚，负极侧接到GND，如图3.10所示。

图 3.9 触摸按键外观图

图 3.10 硬件接线图

触摸按键控制软件编译如图3.11所示。

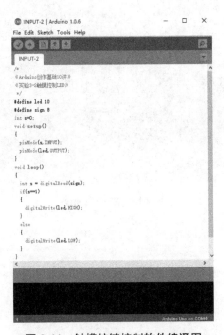

图 3.11 触摸按键控制软件编译图

实验总结：由实验结果可以发现，当烧录程序之后，未触摸时LED发光二极管是熄灭状态，如图3.12所示；当按下触摸开关后，LED发光二极管被持续点亮，松开手后，LED发光二极管熄灭，如图3.13所示。

图 3.12　未触摸现象图

图 3.13　触摸现象图

实验3-2程序实例

```
#define led 10
#define sign 8
int s=0;
void setup()
```

```
{
  pinMode(s, INPUT);
  pinMode(led, OUTPUT);
}
void loop()
{
  int s = digitalRead(sign);
  if(s==1)
  {
    digitalWrite(led, HIGH);
  }
  else
  {
    digitalWrite(led, LOW);
  }
}
```

3. 简易密码锁设计

目标功能：通过一个4×4键盘输入密码判断来控制LED发光二极管的亮灭。

准备工作：Arduino UNO开发板一块，4×4薄膜键盘一个，LED发光二极管一个，220Ω电阻一个，10kΩ电阻三个，导线若干，如图3.14所示。

图3.14 简易密码锁所需器件

矩阵键盘又称为行列式键盘，它是用4条I/O线作为行线，4条I/O线作为列线组成的键盘。在行线和列线的每一个交叉点上，设置一个按键，这样键盘中按键的个数是4×4。这种行列式键盘结构能够有效地提高单片机系统中I/O口的利用率，原理如图3.15所示。

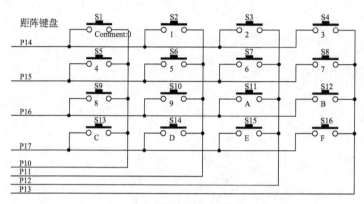

图3.15　键盘原理图

注意事项：由于键盘接线过多，要注意顺序；牢记三个上拉电阻的使用。

编程与接线：键盘接线顺序从左向右依次为1——上拉电阻-8号引脚，2——上拉电阻-7号引脚，3——上拉电阻-6号引脚，4——9号引脚，5——5号引脚，6——4号引脚，7——3号引脚，8——2号引脚。

在程序中设定一个初始密码，如1111，此时打开串口监视器，如图3.16所示，在键盘上依次按下4个1，之后按下"A"按键，发现LED发光二极管点亮，当再次输入其他密码或者初始密码输入错误的时候，程序将自己锁定，按下"B"按键进行解锁后，继续使用，如图3.17所示。

图3.16　密码正确图

实验总结：简易密码锁运行结果如图3.18所示。

图 3.17 密码锁定图

图 3.18 简易密码锁运行结果图

实验3-2程序实例（Password.h，Keypad.h已经添加到函数库文件中）

```cpp
#include <Password.h>
#include <Keypad.h>
Password password = Password( "1111" );  //解锁密码
const byte ROWS = 4;  // 四行
const byte COLS = 4;  // 四列
char keys[ROWS][COLS] = {
```

```
  {'1', '4', '7', '*'},

  {'2', '5', '8', '0'},

  {'3', '6', '9', '#'},

  {'A', 'B', 'C', 'D'}

}; // 定义键盘

byte rowPins[ROWS] = { 5, 4, 3, 2 }; //行

byte colPins[COLS] = { 8, 7, 6, 9 }; //列

Keypad keypad = Keypad( makeKeymap(keys), rowPins, colPins,
ROWS, COLS ); // 建立键盘

void setup(){

  Serial.begin(9600);

  delay(200);

  pinMode(10, OUTPUT);

  keypad.addEventListener(keypadEvent);    //键盘侦听

  }

void loop(){

  keypad.getKey();

  }

  void keypadEvent(KeypadEvent eKey){

  switch (keypad.getState()){

  case PRESSED:

  Serial.print("Enter: ");

  Serial.println(eKey);

  delay(10);

   switch (eKey){

    case 'A': checkPassword(); delay(1); break;

    case 'B': password.reset(); delay(1); Serial.println("Has
been unlocked!"); break;

    default: password.append(eKey); delay(1);

  }}}

  void checkPassword(){

  if (password.evaluate()){
```

```
    Serial.println("True"); //如果密码正确开锁

    digitalWrite(10, HIGH); //LED指示灯

    delay(500);

    digitalWrite(10, LOW);

}else{

    Serial.println("Already locked!");  //如果密码错误保持锁定

}

}
```

本讲小结

输入装置种类还有很多，多数原理相通，更重要的问题还是如何配合好其他设备，实现一个完整系统的功能。一个开关可以改变输入状态从而控制装置的开关电源，其实可以做到的还有很多。一个手势可以用来进行开关状态的监测，用在例如Kinect开源装置中常用语识别部分的研究；声音信号的采集用于智能机器人。很多与人工智能相结合的应用，都依靠输入装置。

习题 3

1.使用4×4按键控制16个LED发光二极管，按不同按键点亮相应的LED发光二极管。

第4讲
输出装置

1. DIY 音乐键盘

目标功能：通过按键控制蜂鸣器音调。

此产品由功率放大和一个扬声器组成。声音大小可以通过电路板上的电位器调节。输入不同的频率，扬声器产生不同的音调，可以通过Arduino进行编码并DIY自己的音乐盒。此款产品数据接口采用防插反插头，接口两侧分别有标识，字母"D"代表信号类型为数字信号，"扬声器"标识代表模块类型，特设4颗M3固定安装孔，调节方向与固定，方便易用，美观大方。

工作电压：5V。

信号类型：数字信号。

音量调节：10kΩ电位计。

此传感器模块利用 Arduino 引脚来控制发声模块。模块使用 LM386 进行音频放大，LM386 是一种音频集成功放，具有自身功耗低、更新内链增益可调整、电

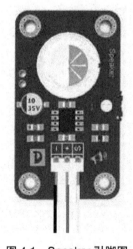

图 4.1　Speaker 引脚图

源电压范围大、外接元件少和总谐波失真小等优点的功率放大器，广泛应用于录音机和收音机之中。为使外围元件最少，LM386 电压增益内置为20，但在1脚和8脚之间增加一只外接电阻和电容，便可将电压增益调为任意值，直至200。本模块上使用了一个 10kΩ 的可调电阻对增益进行调节，从而改变发声模块的音量。

Speaker 模块共引出三个引脚，分别是电源正 Vcc、电源地 GND 、信号端 S，实际应用时，将 Speaker 模块连接到 Arduino UNO 控制器的数字引脚，通过 Arduino 控制器输出声音频率信号，从而驱动声音传感器的发声，改变控制器的输出信号频率，就可以起到改变发出声音音调的作用，如图4.1所示。

键盘接线参照实验3-3，Speaker信号端接10号引脚如图4.2所示。完成硬件和软件的配置之后，就让我们来一首《一闪一闪亮晶晶》吧！（参考顺序：1155665 4433221 5544332 5544332 1155665 4433221）

图 4.2　Speaker 接线图

程序示例：

```
#include <Password.h>
#include <Keypad.h>
#define SPEAKER 10
  int BassTab[]={1911, 1702, 1556, 1431, 1275, 1136, 1020, 900};
  const byte ROWS = 4;  // 四行
  const bytte COLS = 4;  // 四列
  char keys[ROWS][COLS] = {
    {'1', '4', '7', '*'  },
    {'2', '5', '8', '0'  },
    {'3', '6', '9', '#'  },
    {'A', 'B', 'C', 'D'  }}; // 定义键盘
  byte rowPins[ROWS] = { 5,  4,  3,  2 }; //行
  byte colPins[COLS] = { 8,  7,  6,  9 }; //列
  Keypad keypad = Keypad ( makeKeymap (keys), rowPins,  colPins,
ROWS,  COLS ); // 建立键盘
```

```
void setup ( ) {
  Serial.begin ( 9600 ) ;
  delay ( 200 ) ;
  pinMode ( 10,  OUTPUT ) ;
  keypad.addEventListener ( keypadEvent ) ;   //键盘侦听
}
void loop ( ) {
  keypad.getKey ( ) ;
}
void keypadEvent ( KeypadEvent eKey )
{
  switch ( keypad.getState ( ) ) {
  case PRESSED:
  Serial.println ( eKey ) ;
  switch ( eKey )
  {
    case '1': sound ( 1 ) ;
    break;
    case '2': sound ( 2 ) ;
    break;
    case '3': sound ( 3 ) ;
    break;
    case '4': sound ( 4 ) ;
    break;
    case '5': sound ( 5 ) ;
    break;
    case '6': sound ( 6 ) ;
    break;
    case '7': sound ( 7 ) ;
    break;
  }
    delay ( 10 ) ;
```

```
  }
 }
void sound(uint8_t eKey)
{
 for(int i=0; i<100; i++)
 {
  digitalWrite(SPEAKER, HIGH);
  delayMicroseconds(BassTab[eKey]);
  digitalWrite(SPEAKER, LOW);
  delayMicroseconds(BassTab[eKey]);
 }
}
```

2. 旋转舵机控制

舵机是一种位置伺服的驱动器，主要由外壳、电路板、无核心电动机、齿轮与位置检测器所构成。其工作原理是由接收机或者单片机发出信号给舵机，其内部有一个基准电路，产生周期为20ms，宽度为1.5ms的基准信号，将获得的直流偏置电压与电位器的电压比较，获得电压差输出。经由电路板上的IC判断转动方向，再驱动无核心电动机开始转动，透过减速齿轮将动力传至摆臂，同时由位置检测器送回信号，判断是否已经到达定位。适用于那些需要角度不断变化并可以保持的控制系统。当电机转速一定时，通过级联减速齿轮带动电位器旋转，使得电压差为0，电机停止转动。一般舵机旋转的角度范围是0°到180°。

舵机转动的角度是通过调节PWM（脉冲宽度调制）信号的占空比来实现的，标准PWM（脉冲宽度调制）信号的周期固定为20ms（50Hz），理论上脉宽分布应在1ms到2ms之间，但是，事实上脉宽可由0.5ms到2.5ms，脉宽和舵机的转角为0°～180°与之相对应。有一点值得注意的地方，由于舵机品牌不同，对于同一信号，不同牌子的舵机旋转的角度也会有所不同。

用Arduino控制舵机的方法有两种，一种是通过Arduino的普通数字传感器接口产生占空比不同的方波，模拟产生PWM信号进行舵机定位，第二种是直接利用Arduino自带的Servo函数进行舵机的控制。

电位器是具有三个引出端、阻值可按某种变化规律调节的电阻元件。电位器通常由电阻体和可移动的电刷组成。当电刷沿电阻体移动时，在输出端即获得与位移量成一定关系的电阻值或电压。

电位器既可作三端元件使用也可作二端元件使用。后者可视作一可变电阻器，由于它在电路中的作用是获得与输入电压（外加电压）成一定关系的输出电压，因此称之为电位器。

组成电位器的关键零件是电阻体和电刷。根据二者间的结构形式和是否带有开关，电位器可分为几种类型。

电位器还可按电阻体的材料分类，如线绕、合成碳膜、金属玻璃釉、有机实芯和导电塑料等类型，电性能主要决定于所用的材料。此外还有用金属箔、金属膜和金属氧化膜制成电阻体的电位器，具有特殊用途。电位器按使用特点区分，有通用、高精度、高分辨力、高阻、高温、高频、大功率等类型电位器；按阻值调节方式分则有可调型、半可调型和微调型，后二者又称半固定电位器。为克服电刷在电阻体上移动和接触时对电位器性能和寿命带来的不利影响，又出现了无触点非接触式电位器，如光敏和磁敏电位器等，供少量特殊场合应用。

通俗地讲，本实验采用一个迷你的滑动变阻器最合适不过了。

将电位器中间信号端接到模拟接口0，左端接3.3V电压，右端接地，舵机信号端接"7"引脚，正极接5V，负极接地。舵机会随着电位器的旋转而转动，如图4.3所示。

图4.3 旋转舵机控制实验现象图

程序示例：

```
int readPin = 0;        //电位器信号端
int servopin = 7;        //舵机信号端
void servopulse（int angle）//定义一个脉冲函数
{
  int pulsewidth=（angle*11）+500;        //将角度转化为500~2480的脉宽值
  digitalWrite（servopin, HIGH）;           //将舵机接口电平置高
  delayMicroseconds（pulsewidth）;        //延时脉宽值的微秒数
  digitalWrite（servopin, LOW）;            //将舵机接口电平置低
  delayMicroseconds（20000-pulsewidth）;
}
void setup（）
{
  pinMode（servopin, OUTPUT）;
}
void loop（）
{
  int readValue = analogRead（readPin）;    //读取电位器值范围从0到660左右
  int angle = readValue / 4;    //把值的范围转化到0到165左右
  for（int i=0; i<50; i++）//发送50个脉冲
  {
    servopulse（angle）; //引用脉冲函数
  }
}
```

本讲小结

输出装置的种类有很多，但是与输入装置有着很大的不同，因为它是执行动作的"手"，应用很多，通信的方式很多，需要控制的引脚也很多。市场上比较常见的便是"机械臂"，这个装置不仅用在自动化的流水线工厂，也可以

通过体感识别，将信息的信号进行远程传输，实现隔空操作，在异地手术方面的应用也逐渐成为一种趋势。所以只要我们多了解、多用，掌握输出装置，了解输出信号的方式，处理好输出的信息，那么生活中便会拥有更多的输出装置。

习题4

1.用Speaker模块与舵机配合，考虑一下声控门锁如何实现？

第 5 讲
液晶显示

谈到液晶显示，我们并不陌生。大到户外的广告宣传，小到家里的电视机等必备的家用产品，液晶屏的应用无处不在。

LED显示屏是集光电子技术、微电子技术、计算机技术、信息处理技术于一体的高技术屏幕同步的产品。它以其超大画面、超强视觉、灵活多变的显式方式等独具一格的优势，成为目前国际上应用广泛的显示系统，用于金融证券、银行利率、商业广告、文化娱乐等方面。

常见用于开发的液晶模块，例如1062，12864等，在与Arduino进行开发时，较为常用，他们都具有价格低、功耗低、体积小等特点，被广泛使用。

本讲将给读者带来三组液晶屏幕的显示实验，有了显示环节，人机交互会更上一层楼。

1. 1602 液晶显示

目标功能：将本地数据或者采集的信息通过1206液晶显示出来。

准备工作：Arduino UNO开发板一块，面包板一块，1602液晶屏一块，1kΩ电阻一个，导线若干，如图5.1所示。

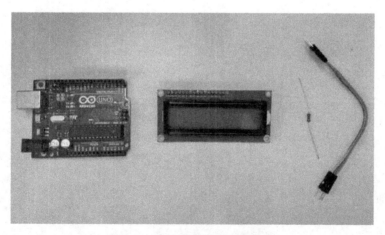

图 5.1　1602 液晶显示所需器件

我们先来了解下1602液晶。1602液晶在应用中非常广泛，最初的1602液晶使用的是HD44780控制器，现在各个厂家的1602模块基本上都采用了与之兼容的IC，所以特性基本一致。

1602液晶屏主要技术参数如下：

显示容量为16×2个字符；

芯片工作电压为4.5～5.5V；

工作电流为2.0mA（5.0V）；

模块最佳工作电压为5.0V；

字符尺寸为2.95m×4.35mm。

1602液晶屏接口引脚说明如图5.2所示。

编号	符号	引脚说明	编号	符号	引脚说明
1	VSS	电源地	9	D2	Date I/O
2	VDD	电源正极	10	D3	Date I/O
3	VL	液晶显示偏压信号	11	D4	Date I/O
4	RS	数据/命令选择端（V/L）	12	D5	Date I/O
5	R/W	读/写选择端（H/L）	13	D6	Date I/O
6	E	使能信号	14	D7	Date I/O
7	D0	Date I/O	15	BLA	背光源正极
8	D1	Date I/O	16	BLK	背光源负极

图5.2 1602液晶屏接口引脚说明

接口说明如下。

（1）两组电源：一组是模块的电源，一组是背光板的电源，一般均使用5V供电。本次试验背光使用3.3V供电也可以工作。

（2）VL：是调节对比度的引脚，串联不大于5kΩ的电位器进行调节。本次实验使用1kΩ的电阻来设定对比度。其连接分高电位与低电位接法，本次使用低电位接法，串联1kΩ电阻后接GND。

（3）RS：是很多液晶上都有的引脚，是命令/数据选择引脚，该脚电平为高时表示将进行数据操作；为低时表示进行命令操作。

（4）RW：也是很多液晶上都有的引脚，是读写选择端，该脚电平为高是表示要对液晶进行读操作；为低时表示要进行写操作。

（5）E：同样很多液晶模块有此引脚，通常在总线上信号稳定后给一正脉冲通知把数据读走，在此脚为高电平时总线不允许变化。

（6）D0～D7：8位双向并行总线，用来传送命令和数据。

（7）BLA：背光源正极；BLK：背光源负极。

注意事项：在接线过程中，由于导线过多，要防止错接和漏接。

编程与接线：接法如图5.3所示。

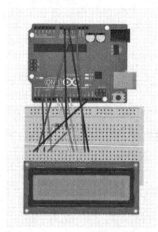

图 5.3　1602 液晶硬件接线图

在程序编辑时，利用LiquidCrystal.h函数库，已经帮读者添加到Arduino库函数中。接线顺序依次是VSS-GND，VDD-5V，V0-电阻-GND，RS-2，RW-GND，E-3，D4-6，D5-7，D6-8，D7-9，A-3.3，K-GND。

软件编译如图5.4所示。

图 5.4　1602 液晶显示软件编译图

实验总结：将程序下载到单片机之后可以观察到如图5.5所示的实验现象。1602液晶屏幕被点亮显示两行已经编辑好的数据。只要我们把基础的显示程序设计过程弄明白之后，就可以结合前面学过的键盘和LED发光二极管制作一个可以显示信息的电子密码锁了，快试试吧！

图 5.5 1602 液晶显示实验现象图

程序示例:

```
#include <LiquidCrystal.h>
LiquidCrystal lcd(2, 3, 6, 7, 8, 9);
void setup()
{
  lcd.begin(16, 2); //初始化液晶工作模式
}
void loop()
{
  lcd.setCursor(0, 0); //将光标定位在第一行
  lcd.print("hello world");
  lcd.setCursor(0, 1); //将光标定位在第二行
  lcd.print("Arduino");
  delay(200);
}
```

2. 12864 液晶显示

目标功能：将本地数据或者采集的信息通过12864液晶显示出来。

准备工作：Arduino UNO开发板一块，面包板一块，12864液晶屏一块，导线若干，如图5.6所示。

图 5.6　12864 液晶显示所需器件

12864是128×64点阵液晶模块的点阵数简称，是业界约定俗成的简称。数据总线采用8位并口与SPI串口方式。12864液晶分带字库版本与不带字库版本。字库版不需要用点阵生成器把汉字变成点阵后再输入，直接输入汉字内码即可显示出对应汉字，无字库版若要显示汉字，只能按照点阵方式驱动。12864引脚定义如图5.7所示，外围电路如图5.8所示。

NO.	Symbol	Function
1	VSS	Ground（0V）
2	VDD	Power supply for Logic circuit（+）
3	V0	Power supply for LCD
4	RS	H：Instruction　L：Data
5	R/W	Read/Write
6	E	Enable Signal
7~14	DB0-DB7	Data Bus Line
15	CS1	Chip Selection For IC1
16	CS2	Chip Selection For IC2
17	/RES	Reset Active "L"
18	VEE	Power supply for LCD（0V）
19	LED1	Power supply for LED
20	LED2	Power supply for LED

图 5.7　12864 引脚定义

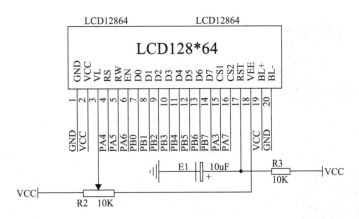

图 5.8 12864 液晶外围电路原理图

VCC和GND是最基本的电源，一般接5V即可。VEE和VL（很多种屏还称作V0）的一般接法如图5.8所示。这里强调一下：当LCD与单片机接线以及电源供给完毕以后，需要调节可变电阻的阻值，这决定了液晶屏是否显示，只有阻值在特定的位置区域以内才会显示。BL+和BL-是液晶屏的背光，不建议直接接在VCC和GND上，加小电阻限流同时可以使用DA或者普通的I/O口来控制（当然DA可以控制得更加精确——改变亮度，I/O口只能控制亮与灭），所需器件如图5.9所示。

图 5.9 12864 液晶显示所需器件

注意事项：在接线过程中，12864液晶屏的正负极不要接错。

编程与接线：接法如图5.10所示，K（–）-GND，A（+）-VCC，CS1-GND，E-3，R/W-9，D/I-8，VDD-VCC，VSS-GND。

图 5.10　硬件接线图　　　　　　　图 5.11　字模软件使用图

　　要显示汉字的时候，需要用到字模软件，如图5.11所示，将转换的结果填入程序中即可，字模软件已经打包在下载链接中。

　　软件编译如图5.12所示。

图 5.12　软件编译图　　　　　　　图 5.13　实验现象图

　　实验总结：将程序下载到单片机之后我们可以观察到如图5.13所示的实验现象。

程序示例：

```
#include "LCD12864RSPI.h"
#define AR_SIZE ( a ) sizeof ( a ) / sizeof ( a[0] )
unsigned char show1[]={0xBB, 0xF9, 0xB4, 0xA1, 0xB4, 0xB4, 0xD7,
0xF7, 0xCA, 0xAE, 0xBD, 0xB2}; //基础创作十讲
unsigned char show0[]="Arduino";

void setup ( )
{
LCDA.Initialise ( ) ;  // 屏幕初始化
delay ( 100 ) ;
}
void loop ( )
{
LCDA.CLEAR ( ) ; //清屏
delay ( 100 ) ;
LCDA.DisplayString ( 0, 2, show0, AR_SIZE ( show0 ) ) ; //显示Arduino
delay ( 100 ) ;
LCDA.DisplayString ( 2, 1, show1, AR_SIZE ( show1 ) ) ; //显示文字"基础创
                                                        //作十讲"
delay ( 5000 ) ;
LCDA.CLEAR ( ) ; //清屏
delay ( 100 ) ;
}
```

3. GPU22B 液晶显示

目标功能：将本地数据或者采集的信息通过GPU22B液晶显示出来。

准备工作：GPU22B液晶屏一块，CP2102 USB转TTL下载器，导线若干，如图5.14所示。

这款液晶受到很多爱好者的青睐，相对于其他类型的屏幕来说，其通信方便，人机交互直接，显示数据刷新快，提高了作品的观赏性。其型号为GPU22B，尺寸为2.2吋，分辨率为220×176，价格也在30元以下，是一款性价比很高的产品，其PCB图如图5.15所示。

图 5.14　GPU22B 液晶显示所需器件

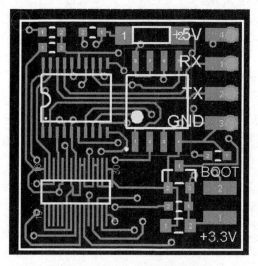

图 5.15　GPU22B 液晶 PCB 图

CP2102集成度高，内置USB2.0全速功能控制器、USB收发器、晶体振荡器、EEPROM及异步串行数据总线（UART），支持调制解调器全功能信号，无需任何外部的USB器件。CP2102与其他USB-UART转接电路的工作原理类似，通过驱动程序将PC的USB口虚拟成COM口以达到扩展的目的。

注意事项：下载器在接液晶屏时候，注意RXD-TX，TXD-RX。

接线与编程：将串口输出的4根引脚焊上排插，使用杜邦线将串口接到USB转
TTL线上，即可接到计算机USB口上电，屏幕即显示第一屏的
Hello界面。

PCB中使用的接5V电压的XC6206芯片是一个低压差稳压器，可
以输出3.3V，仅有160mV的低压差，即板子在3.46V可正常供电。
实际使用中，电压低到3V时，XC6206也可以正常输出电压但是
不稳压；由于STM32 最低在2V时才可工作，因此本板子可以直
接接单节锂电池工作；如果接不通，建议把RX TX反向一下，有
些下载线是指接入单片机端的标志，不是自身标示。

上电后的界面，俗称欢迎界面，属于第一个批界面，可以通过上
位机程序在PC下自由设计，用户可以在这个界面上设计自己产品
的名字和公司的图标，如图5.16所示。

图 5.16　GPU22B 液晶开启界面

将CP2102按照不同位数的计算机安装驱动，之后与液晶屏幕接
线，即RXD-TX，TXD-RX，5V-5V，GND-GND。

将CP2102连接计算机，打开上位机软件，选择对应的COM口，
波特率选择115200，点击"打开按钮"，串口连接成功；此时点
击"发送指令"，液晶屏即显示连接正常，如图5.17所示。

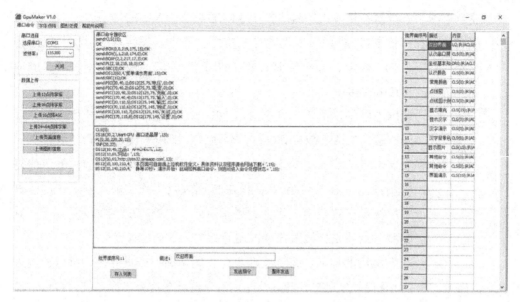

图 5.17　GPU22B 液晶上位机界面

　　在上位机连接时，液晶屏如果没有反应，则可以从以下几方面来检查：首先检查TTL串口线是否接好；拔下TTL线，COM口消失，插上，则出现，此时表示TTL对应的COM口正常；其次，注意不要选错串口号、波特率、默认波特率（拿到新品未设置时），波特率为115200；如果命令接收区不出现OK，请把TX 和RX两根线颠倒后接；GPU上电后会从串口输出序列号数据，如果接收区收到，表示正常；最后，如果还无法解决问题，考虑换一个USB口，换台机器或者换一根USB转TTL的转换线。

　　液晶默认的波特率是115200，接下来我们要将波特率刷成9600，点击上位机右上角的欢迎界面，在批界面顶头加U2，表示设置波特率为9600，之后点击存入列表，最后点击上传界面即可，如图5.18所示，波特率对应关系如下：

U0——2400

U1——4800

U2——9600

U3——19200

U4——38400

U5——57600

U6——115200

U7——256000

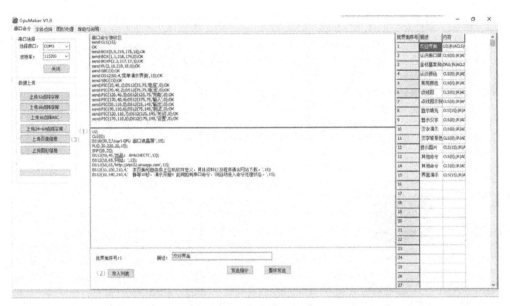

图 5.18　上位机操作流程

重新给串口屏 GPU 上电，此时开机界面的序列号后面显示："B：9600"，表示当前波特率为 9600；此时用单片机的 9600 的串口就可以正常使用 GPU 串口液晶屏了。

接下来我们来设计一下自己独特的开机界面吧！

第一步：我们要用制图软件制作一张220×176的图片，格式为.jpg，用于开机界面，如图5.19所示。

第二步：将制作的图片放在上位机文件夹中的pic文件夹中，并命名为9.jpg，如图5.20所示。

第三步：打开上位机，点击左上角的图形处理，再点击生产全部图片的数据，如图5.21所示。

图 5.19　自定义开机图

069

图 5.20　自定义开机图流程

图 5.21　自定义开机图流程

第四步：回到串口命令窗口，点击欢迎界面，在对话框中输入：

CLS（0）；

BPIC（1，0，0，9）；

点击存入列表，并点击右侧的上传图形信息和上传页面信息，等待完成，自定义开机图流程如图5.22所示。

图 5.22　自定义开机图流程

实验总结：开机界面如图5.23所示。读者可以看到，其实这款屏幕的使用价值很高，其在以后的数据显示方面会变得更加出色。

图 5.23 自定义开机界面

本讲小结

在智能控制领域，液晶屏幕等显示设备起着特别重要的角色。在一个完整的系统中，一旦脱离了计算机，没有了串口监视器，那么在运行程序时，就要有一个显示设备，提供给我们一个调试的反馈。在一些成型的作品中，液晶屏幕在信息显示中也是必不可少的。

习题 5

1.自行了解时钟模块"DS3231"，将时间等信息显示在LCD1602液晶屏幕上。

2.将自己的姓名等信息通过LCD12864液晶展示出来。

第6讲
红外遥控

谈到红外光应用我们也许并不陌生，比较常见的是家中的遥控器，那么它究竟是怎么工作的呢？

我们先来了解下它的工作原理。

首先，红外遥控设备是由红外发射和红外接收系统组成的。红外接收：红外遥控器发出的信号是一连串的二进制脉冲码。接收电路是一种集成红外线接收和放大功能一体的红外接收器模块，实物如图6.1所示。它能够完成从红外线接收到输出与TTL电平信号兼容的所有工作，适用于红外遥控和红外线数据传输；其次，在红外发射方面，红外遥控器发射的28kHz红外载波信号由遥控器里面的编码芯片对其进行编码，原理图如图6.2所示。

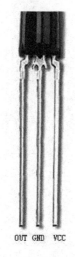

图 6.1　红外接收器图

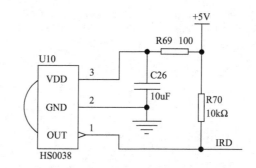

图 6.2　红外接收器原理图

1. 红外遥控点亮 LED

目标功能：通过红外遥控LED发光二极管的亮灭。

准备工作：Arduino UNO开发板一块，红外接收头一个，红外遥控器一个，面包板一块，LED发光二极管一个，220Ω电阻一个，导线若干，如图6.3所示。

注意事项：在实验过程中要记得红外接收器正负极不要接反，否则会烧坏红外接收器。

接线与编程：除了VCC和GND，整个控制的系统只用到了两个引脚，分别是红外接收头的11引脚和LED发光二极管的12引脚；编程时用到了

IRremote.h（已经加入到软件的函数库中）。如果想要达到不同按键对不同的器件进行控制的效果，就要知道每个按键的信息，我们要做的就是先将它们读取并记录下来，采用信息核对的方式来进行控制。

图6.3　红外遥控点亮LED所需器件

　　如图6.4所示连接电路，按下"1"按键。打开软件端的监视口，看到读取显示的信息，如图6.5所示。

图6.4　硬件接线图

图6.5　软件编译图

实验总结：可以发现，当读取完按键的信息之后，就可以利用这个信息来控制我们想控制的对象，编程的方式不烦琐，逻辑也比较清晰，实验现象如图6.6所示。

图6.6 实验现象图

程序示例：

```
#include <IRremote.h>
int rec =11;
#define led 12
IRrecv irrecv(rec); //定义红外接收引脚
decode_results res;
void setup()
{
  Serial.begin(9600);
  pinMode(led, OUTPUT);
  irrecv.enableIRIn(); //初始化红外接收器
}
void loop()
{
```

```
if(irrecv.decode(&res))
{
  Serial.println(res.value); //16进制输出

  if(res.value='16724175')
  {
    digitalWrite(led,HIGH);
    delay(500);
    digitalWrite(led,LOW);
  }
  irrecv.resume();
}}
```

2. 红外遥控液晶显示

目标功能：通过红外遥控LED发光二极管，并且能在LCD1602上显示开关
状态。

准备工作：Arduino UNO开发板一块，1602液晶屏幕一个，红外接收头一个，
红外遥控器一个，面包板一
块，LED发光二极管一个，
220Ω电阻一个，导线若干。

注意事项：注意1602液晶的接线不要错，
以及红外接收器的正负极不要
接反。

接线与编程：1602液晶屏幕的接线方式可
以参照第5讲的1602液晶显
示部分，红外遥控部分参照
第6讲的红外遥控点亮LED部
分。具体程序编译图如图6.7
所示。

实验总结：目标是设计一个简单程序，实

图6.7　红外遥控液晶显示程序编译图

现红外控制和信息在液晶屏幕上的实时显示。现在我们已经会控制一个LED发光二极管，而且可以在液晶屏幕上显示，那么以后需要使用更多的传感器时，在液晶屏幕上是否也可以实时地显示某些数据呢？

在正常接线及编程下，我们会得到如图6.8所示的现象；当我们按下按键"1"时，会发现LED发光二极管被点亮，同时液晶屏幕变成"open"，如图6.9所示。

图 6.8　待机图

图 6.9　红外遥控图

程序示例:

```
#include <LiquidCrystal.h>
#include <IRremote.h>
LiquidCrystal lcd(2, 3, 6, 7, 8, 9);
int rec =11;
#define led 12
IRrecv irrecv(rec); //定义红外接收引脚
decode_results res;
void setup()
{
  lcd.begin(16, 2); //初始化液晶工作模式
  Serial.begin(9600);
  pinMode(led, OUTPUT);
  irrecv.enableIRIn(); //初始化红外接收器
}
void loop()
{
  lcd.setCursor(0, 0); //将光标定位在第一行
  lcd.print("  Arduino-10");
  lcd.setCursor(0, 1); //将光标定位在第二行
  lcd.print("     close");
  if(irrecv.decode(&res))
  {
    Serial.println(res.value); //16进制输出

    if(res.value='16724175')
    {
      lcd.clear();  // 清屏
      digitalWrite(led, HIGH);
      lcd.setCursor(0, 0); //将光标定位在第一行
      lcd.print("  Arduino-10");
```

```
        lcd.setCursor(0, 1); //将光标定位在第二行
        lcd.print("      open");
        delay(500);
        digitalWrite(led, LOW);
    }
    irrecv.resume();
  }
}
```

本章小结

曾经，电视机与遥控器还是不可分割的整体，无论是开机关机、频道切换还是音量调节，都要通过遥控器来实现。随着智能电视的出现，传统电视机遥控器已经不能满足广大用户的使用需求，那么有没有一种新设备能够完美替代传统电视机遥控器呢？

现在，我们可以利用手中的设备在Arduino上实现，由此可以参与到看似复杂的技术中了，这也是无线通信技术的入门，至此我们就可以接触神秘美妙的通信技术了！

习题 6

1.利用红外接收器，将家中的电视遥控器按键信息采集出来，复制一台新的遥控器。

第 7 讲
蓝牙遥控

　　蓝牙在我们日常生活中也并不陌生，越来越多的设备通过蓝牙来连接，比如可穿戴设备、遥控设备，由于其功耗低、价格低、开发简单而被广泛使用。

　　蓝牙模块在Arduino遥控方面也扮演着重要的角色，不同于红外使用光波传输数据，蓝牙技术使用无线电波传输数据；蓝牙系统基本没有方向性，红外系统有方向性；蓝牙信号可以穿透多数非金属物体，红外信号基本不能穿透非透明物体；蓝牙系统的传输带宽比红外系统的高很多，速度比红外系统快很多；蓝牙系统可以同时连接多种设备，红外技术每个接收器同时只能连接一个设备。蓝牙技术是一个实现语音和数据无线传输的开放性规范，是一种低成本、短距离的无线连接技术。

　　本讲将为读者介绍一款蓝牙模块"HC-05"，HC-05 嵌入式蓝牙串口通信模块（以下简称模块）具有两种工作模式：命令响应工作模式和自动连接工作模式，在自动连接工作模式下模块又可分为主（Master）、从（Slave）和回环（Loopback）三种工作角色。当模块处于自动连接工作模式时，将自动根据事先设定的方式，连接数据传输；当模块处于命令响应工作模式时执行下述 AT 命令，用户可向模块发送各种 AT 指令，为模块设定控制参数或发布控制命令。通过控制模块外部引脚（PIO11）输入电平，可以实现模块工作状态的动态转换。蓝牙的原理图及外围电路如图7.1所示。

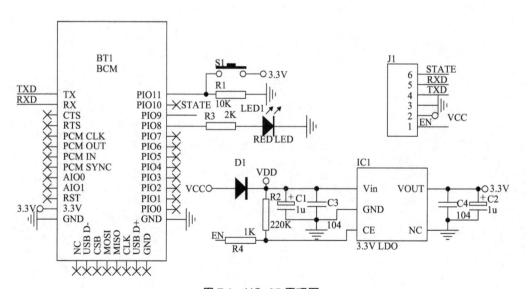

图 7.1　HC-05 原理图

1. 蓝牙控制 LED

目标功能：通过手机连接蓝牙模块，从而控制LED发光二极管的亮灭。

准备工作：Arduino UNO开发板一块，HC-05蓝牙模块一个，安卓手机一部，面包板一块，LED发光二极管一个，220Ω电阻一个，导线若干，如图7.2所示。

注意事项：蓝牙模块的正负极一定不要接反，一旦插反很容易迅速烧坏模块。

接线与编程：我们要在安卓手机系统中安装一个蓝牙串口的客户端，推荐以下APP，如图7.3所示。客户端已经打包在软件中，可以自行安装。

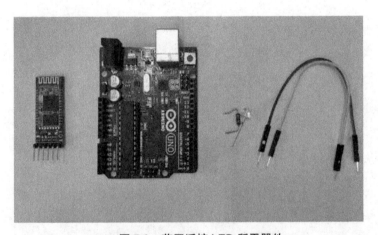

图 7.2　蓝牙遥控 LED 所需器件

图 7.3　APP

接下来是设置蓝牙模块的环节，我们要先知道设置蓝牙的AT指令，我将在这里给读者介绍一种比较方便的设置方式，通过Arduino来配置蓝牙的AT指令。蓝牙与Ardino连线：RXD-1 TXD-0 VCC-VCC GND-GND AT（STATE）-2。在IDE中编写以下程序：

```
#define AT 2
#define LED 13
void setup ( )
{
    pinMode ( LED, OUTPUT ) ;
```

```
    pinMode（AT，OUTPUT）；
    digitalWrite（AT，HIGH）；
    Serial.begin（38400）；//这里应该和你的模块通信波特率一致
    delay（100）；
    Serial.println（"AT"）；
    delay（100）；
    Serial.println（"AT+NAME=H-C-2010-06-01"）；//命名模块名
    delay（100）；
    Serial.println（"AT+ROLE=0"）；//设置主从模式：0从机，1主机
    delay（100）；
    Serial.println（"AT+PSWD=1234"）；//设置配对密码，如1234
    delay（100）；
    Serial.println（"AT+UART=9600，0，0"）；//设置波特率9600，停止位为1，
                                          //校验位无
    delay（100）；
    Serial.println（"AT+RMAAD"）；//清空配对列表
}
void loop（）
{
    digitalWrite（LED，HIGH）；
    delay（500）；
    digitalWrite（LED，LOW）；
    delay（500）；
}
```

有一点要注意，就是在烧录程序时，有时候会有警告提示，这时只需在点击下载按钮后，拔掉0和1引脚即可，下载完成后再将0和1引脚接上。

下载之后我们会发现板载的LED闪烁，说明设置成功。

结束了准备工作我们就要开始接线点亮LED啦！

首先，将硬件进行接线，RXD-1 TXD-0 VCC-VCC GND-GND LED-7，上电之后打开手机中的蓝牙功能，搜索已经设置好的模块，如图7.4所示，输入设置的密码，点击配对即可，如图7.5和图7.6所示。

图 7.4　搜索蓝牙　　　　图 7.5　配对蓝牙　　　　图 7.6　连接成功

接下来我们就可以打开手机中的蓝牙串口APP进行配对。软件编译如图7.7所示（记得拔掉0和1引脚进行下载）。

图 7.7　软件编译图

实验总结：在程序中，我们设置了两个信号，分别是信号"o"和信号"c"，执行的功能分别是点亮LED和熄灭LED。硬件端和软件端都准备好之后，我们就可以遥控LED啦！在客户端输入"o"发送，可以看到LED被点亮，如图7.8所示，再次输入"c"，LED被熄灭，如图7.9所示。只要学会了简单的LED遥控，就可以控制众多大同小异的传感器了。

图 7.8　LED 开启成功

图 7.9　LED 关闭成功

程序示例:

```
char getstr;
#define led 7
void setup()
{
  pinMode(led, OUTPUT);
```

```
  Serial.begin (38400);
}
void loop ()
{
  getstr=Serial.read ();
  if (getstr=='o')
  {digitalWrite (led, HIGH);
  delay (200);
  }
  else if (getstr=='c') {
    digitalWrite (led, LOW);
    delay (200);
  }
}
```

2. 蓝牙遥控液晶显示

目标功能：通过手机连接蓝牙模块，从而控制LED发光二极管的亮灭并在LCD12864液晶上显示状态信息。

准备工作：Arduino UNO开发板一块，12864液晶屏幕一块，HC-05蓝牙模块一个，面包板一块，LED发光二极管一个，220Ω电阻一个，导线若干。

注意事项：12864导线较多，不要接错，蓝牙模块正负极切记不要接反。

接线与编程：12863液晶屏幕的接线方式可以参照第5讲，蓝牙遥控参照第7讲，程序编译如图7.10所示。

实验总结：当输入发送信号"o"时，

图 7.10 软件编译图

087

　　LED被点亮，同时12864 液晶显示如图7.11所示，再一次发送信号"c"时，LED熄灭，如图7.12所示。

图 7.11　LED 开启成功

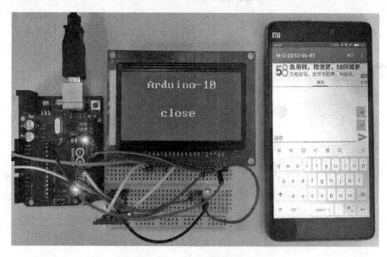

图 7.12　LED 关闭成功

程序示例：

```
#include "LCD12864RSPI.h"
#define AR_SIZE ( a ) sizeof ( a ) / sizeof ( a[0] )
#define led 7
unsigned char show0[]="   Arduino-10";
```

```
unsigned char show1[]="    open";
unsigned char show2[]="   close";
char getstr;
void setup()
{
  pinMode(led, OUTPUT);
  Serial.begin(38400);
  LCDA.Initialise();  // 屏幕初始化
}
void loop()
{
  getstr=Serial.read();
  if(getstr=='o')
  {
    digitalWrite(led, HIGH);
    LCDA.CLEAR(); //清屏
    LCDA.DisplayString(0, 2, show0, AR_SIZE(show0)); //Arduino-10
    LCDA.DisplayString(2, 1, show1, AR_SIZE(show1)); //open

    delay(200);
  }
  else if(getstr=='c'){
    digitalWrite(led, LOW);
    LCDA.CLEAR(); //清屏
    LCDA.DisplayString(0, 2, show0, AR_SIZE(show0)); //显示Arduino
    LCDA.DisplayString(2, 1, show2, AR_SIZE(show2)); //close
    delay(200);
  }
  delay(100);
}
```

本讲小结

蓝牙技术是取代数据电缆的短距离无线通信技术，可以支持物体与物体之间的通信，工作频段是全球开放的2.4GHz频段，可以同时进行数据和语音传输，传输速率可达到10Mbps，使得在其范围内的各种信息化设备都能实现无缝资源共享。

但是蓝牙技术在应用方面却没有红外技术那样方便，但功能却多得多，这也是现在智能手机几乎放弃了红外技术而采用蓝牙技术的原因之一。

习题 7

1.利用现有的设备，能否用蓝牙作为桥梁，做一个属于你自己的便携式设备呢？

第 8 讲
常用传感器

1. 温湿度模块

DHT11 数字温湿度传感器是一款含有已校准数字信号输出的温湿度复合传感器。它应用专用的数字模块采集技术和温湿度传感技术，确保产品具有极高的可靠性与卓越的长期稳定性。DHT11原理图如图8.1所示。传感器包括一个电阻式感湿元件和一个NTC测温元件，并与一个高性能8 位单片机相连接，因此该产品具有品质卓越、超快响应、抗干扰能力强、性价比极高等优点。每个DHT11 传感器都在极为精确的湿度校验室中进行校准。校准系数以程序的形式储存在OTP 内存中，传感器内部在检测信号的处理过程中要调用这些校准系数。单线制串行接口，使系统集成变得简易快捷。超小的体积、极低的功耗，信号传输距离可达20 米以上，使其成为各类应用甚至最为苛刻的应用场合的最佳选择。DHT11 数字温湿度传感器模块为3针PH2.0 封装，连接方便。

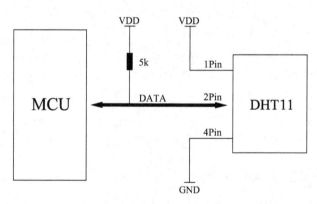

图 8.1　DHT11 原理图

· 供电电压：3 ~ 5.5V；
· 供电电流：最大为2.5mA；
· 温度范围：0 ~ 50℃ 误差 ±2℃；
· 湿度范围：20% ~ 90%RH 误差 ±5%RH；
· 响应时间： 1/e（63%） 6 ~ 30s；
· 测量分辨率分别为 8bit（温度）、8bit（湿度）；
· 采样周期间隔：不得低于1s。

DATA 用于微处理器与 DHT11之间的通信和同步，采用单总线数据格式，一次通信时间为4ms左右，数据分小数部分和整数部分，具体格式在下面说明，当前小数部分用于以后扩展，现读出为零，操作流程如下：一次完整的数据传输为40bit，高位先出。数据格式：8bit湿度整数数据+8bit湿度小数数据+8bi温度整数数据+8bit温度小数数据+8bit校验和数据传送正确时校验和数据等于"8bit湿度整数数据+8bit湿度小数数据+8bi温度整数数据+8bit温度小数数据"所得结果的末8位。

用户MCU发送一次开始信号后，DHT11从低功耗模式转换到高速模式，等待主机开始信号结束后，DHT11发送响应信号，送出40bit的数据，并触发一次信号采集，用户可选择读取部分数据。从模式下，DHT11接收到开始信号触发一次温湿度采集，如果没有接收到主机发送开始信号，DHT11不会主动进行温湿度采集。采集数据后DHT11转换到低速模式。

1602的接线请读者参考第5讲的示例；DHT11模块信号端接在10号引脚，下载到单片机中，观察如图8.2所示的现象。

图8.2 实验现象图

程序示例：

```
#include <dht11.h>
#include <LiquidCrystal.h>
LiquidCrystal lcd(2, 3, 6, 7, 8, 9);  //(RS, E, D4, D5, D6, D7)
#define DHT11PIN 10
dht11 DHT11;
void setup()
```

```
{
    lcd.begin(16, 2);
    lcd.clear();
    pinMode(DHT11PIN, OUTPUT);
}
void loop() {
    int chk = DHT11.read(DHT11PIN);
    lcd.setCursor(0, 0);
    lcd.print("Tep: ");
    lcd.print((float)DHT11.temperature, 2);
    lcd.print("C");
    lcd.setCursor(0, 1);
    lcd.print("Hum: ");
    lcd.print((float)DHT11.humidity, 2);
    lcd.print("%");
    delay(200);
}
```

2. 光敏传感器模块

TEMT6000光敏传感器由一个高灵敏可见光光敏（NPN型）三极管构成，它可以将捕获的微小光线变化并放大100倍左右，可以被微控制器轻松识别，并进行AD转换。TEMT6000对可见光照度的反应特性与人眼的特性类似，可以模拟人对环境光线的强度的判断，从而方便做出与人友好互动的应用，可应用于对可见光线变化较灵敏的场合，如照明控制、屏幕背光控制等。此款光敏传感器数据接口采用防插反插头，接口两侧分别有字母"A"代表信号类型为模拟信号，和"光线"标识代表传感器类型，传感器特设4颗M3固定安装孔，调节方向与固定方便易用，美观大方。

工作电压：3.3~5V；

工作温度：–40℃~85℃；

信号类型：模拟输出。

如图8.3所示连接电路，1602的接法参照第五讲第一节，光敏传感器连接A1引脚，下载到单片机中，观察现象。

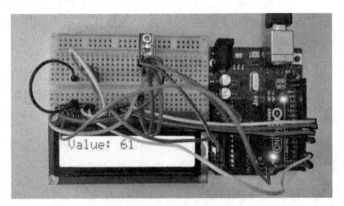

图8.3 实验现象图

程序示例：

```
#include <LiquidCrystal.h>
LiquidCrystal lcd(2, 3, 6, 7, 8, 9);  //(RS, E, D4, D5, D6, D7)
int temt6000Pin = 1;
void setup()
{
  Serial.begin(9600);
  lcd.begin(16, 2);
  lcd.clear();
}
void loop()
{
int value = analogRead(temt6000Pin);
delay(500);
  lcd.setCursor(0, 0);
  lcd.print("Value: ");
  lcd.print(value);
}
```

3. 人体感应模块

HC-SR501 是基于红外线技术的自动控制模块，采用德国原装进口LHI778 探头设计，灵敏度高，可靠性强，工作在超低电压工作模式，广泛应用于各类自动感应电器设备，尤其是干电池供电的自动控制产品。

人体都有恒定的体温，一般在37℃，所以会发出特定波长为10μm左右的红外线，被动式红外探头就是靠探测人体发射的10μm左右的红外线而进行工作的。人体发射的波长为10μm左右的红外线通过菲涅尔滤光片增强后聚集到红外感应源上。红外感应源通常采用热释电元件，这种元件在接收到人体红外辐射温度发生变化时就会失去电荷平衡，向外释放电荷，后续电路经检测处理后就能产生报警信号。

如图8.4所示连接电路，1602接线参照第5讲的示例，人体红外传感器信号端接10号引脚，将程序下载到单片机中，一旦传感器上方有人体经过时，屏幕就会变为"1"，其余时刻为"0"。

图 8.4　实验现象图

程序示例：

```
#include <LiquidCrystal.h>
LiquidCrystal lcd(2, 3, 6, 7, 8, 9);  //(RS, E, D4, D5, D6, D7)
int ledpin = 10;
void setup()
{
```

```
  pinMode ( ledpin, INPUT );
  Serial.begin ( 9600 );
  lcd.begin ( 16, 2 );
  lcd.clear ( );
}
void loop ( )
{
int in = digitalRead ( ledpin );
  lcd.setCursor ( 0, 0 );
  lcd.print ( "State: " );
  lcd.print ( in );
  delay ( 1000 );     }
```

4. 超声波模块

HC-SR04 超声波模块采用 I/O 口 TRIG 触发测距，输入至少 10 μs 的高电平信号；模块也自动发送 8 个 40kHz 的方波，自动检测是否有信号返回；当有信号返回，通过 I/O 口 ECHO 输出一个高电平，高电平持续的时间就是超声波从发射到返回的时间。测试距离 = (高电平时间 × 声速 (340m/s)) /2；本模块使用方法简单，一个控制口发送一个 10 μs 以上的高电平，就可以在接收口等待高电平输出。一有输出就可以开定时器计时，当此口变为低电平时就可以读出定时器的值，即为此次测距的时间，从而可算出距离。如此不断地进行周期测量，即可得到移动测量的值。HC-SR04 引脚图如图 8.5 所示。

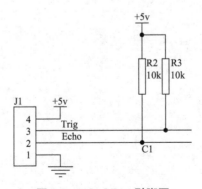

图 8.5　HC-SR04 引脚图

由于这款超声波模块具有测度距离精确，盲区小，价格低的特点，所以被广泛应用到机器人避障、物体测距、液位检测等领域。

使用电压：DC，5V；

探测距离：2cm～450cm；

精度：0.2cm。

如图8.6所示连接电路，1602接线参照第5讲的示例，超声波传感器模块共有4个引脚，除了正负极外，TrigPin 接4号引脚，EchoPin接5号引脚。参照程序并下载到单片机，将传感器模块放平，可发现由超声波模块测量的距离还是比较准确的。

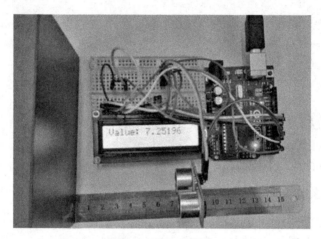

图 8.6　实验现象图

程序示例：

```
#include <LiquidCrystal.h>
LiquidCrystal lcd(2, 3, 6, 7, 8, 9);  //(RS, E, D4, D5, D6, D7)
const int TrigPin = 4;
const int EchoPin = 5;
float cm;
void setup()
{
  Serial.begin(9600);
  lcd.begin(16, 2);
  lcd.clear();
```

```
  pinMode(TrigPin, OUTPUT);
  pinMode(EchoPin, INPUT);
}
void loop()
{
  digitalWrite(TrigPin, LOW);  //高低电平发一个短时间脉冲去TrigPin
  delayMicroseconds(2);
  digitalWrite(TrigPin, HIGH);
  delayMicroseconds(10);
  digitalWrite(TrigPin, LOW);
  cm = pulseIn(EchoPin, HIGH) / 58.0;  //将回波时间换算成cm
  cm = (int(cm * 100.0)) / 100.0;  //保留两位小数
  lcd.setCursor(0, 0);
  lcd.print("Value: ");
  lcd.print(cm);
  delay(500);
}
```

5. SD 卡模块

SD卡读写是指单片机读写SD卡/TF卡。SD卡是一种低电压的flash闪存产品，有标准的MMC/SPI两种操作模块。对于MMC操作模式，读写速度快、控制信号线多、操作复杂，对于SPI操作模块，速度慢、线少、操作相对简单。嵌入式系统由于数据采集或者读取参数文件，往往需要通过串口或者其他的方式将PC机上文件数据进行传输。采用SD卡进行中转传输则是一种不错的方案。特别是随着SD卡及U盘在生活中的普及，嵌入式系统把读写SD卡/U盘功能集成到系统，成为一种趋势。SD卡引脚图如图8.7所示。

SD卡读写模块由主芯片PB375A、振荡电路、SD卡座及外围接口组成。

SD卡与PB375A之间的连接采用SPI模式连接。

SD卡读写芯片PB375A是一颗集成了USB HOST、FAT文件系统及读写SD卡固件的芯片，外围器件很少，该芯片支持FAT16和FAT32两种文件系统。

振荡电路采用24MHz晶体来驱动，同时该晶体也能驱动PB375A的U盘读写功能。外围单片机可以使用SPI模块或者串口UART模式来与PB375A通信操作SD卡，无需了解SD卡内部构造以及文件系统等。

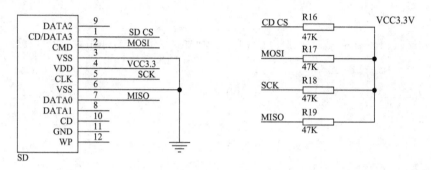

图 8.7　SD 卡引脚图

虽然说SD卡在目前几乎退出了手机市场，但在单片机领域还是很常见的。在一些中小型的系统开发中，SD卡也扮演着小型数据库的角色，在资源存储方面起到很大的作用。

下面的实验就涉及SD卡的数据存储和读取。如图8.8所示，SD卡模块接线为：3.3V—3.3V，GND—GND，MOSI—PIN11，MISO—PIN12，CS—PIN4，SCK—PIN13。现将写入SD卡程序下载到单片机中，采集的是一个光敏传感器值，一段时间后，可以发现在SD卡中已经建立了记事本文件，并写入了对应的值，如图8.9所示。等待写入之后，我们再将读取程序下载到单片机中，运行打开串口监听器，发现也能够成功读取到SD卡中相应的信息，如图8.10所示。

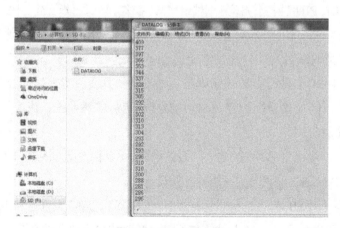

图 8.8　SD 卡写入图

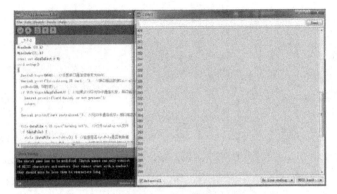

图 8.9 SD 卡读取图

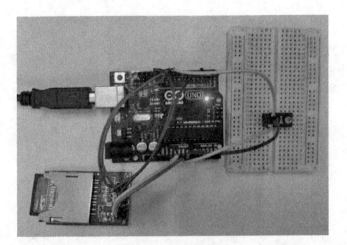

图 8.10 实验现象图

写入SD卡程序示例：

```
#include <SPI.h>
#include <SD.h>
int temp=0;
int value;
const int chipSelect = 4;
void setup()
{
  Serial.begin(9600);
  pinMode(temp, INPUT);
```

```
   pinMode(10, OUTPUT);
   if (!SD.begin(chipSelect))
   {
     Serial.println("Card failed, or not present");
     return;
   }
   Serial.println("card initialized.");   // 与SD卡通信成功，串口输出信
                                           // 息"card initialized."
}
void loop()
{
  File dataFile = SD.open("datalog.txt", FILE_WRITE);
  int zhi = analogRead(temp);
  delay(1000);
  Serial.println(zhi);
  if (dataFile) {
    dataFile.println(zhi);
    dataFile.close();
  }
  else {
    Serial.println("error opening datalog.txt");
  }
}
```

读取SD卡程序示例：

```
#include <SD.h>
#include<SPI.h>
const int chipSelect = 4;
void setup()
{
  Serial.begin(9600);    //设置串口通信波特率为9600
  Serial.print("Initializing SD card...");  // 串口输出数据
                                             // "Initializing SD card..."
```

```
pinMode(10, OUTPUT);
if(!SD.begin(chipSelect)){     //如果从CS口与SD卡通信失败，串口输出
                               //信息"Card failed, or not present"
  Serial.println("Card failed, or not present");
  return;
}
Serial.println("card initialized.");     //与SD卡通信成功，串口输出信
                                          //息"card initialized."

File dataFile = SD.open("datalog.txt");     //打开datalog.txt文件
if (dataFile) {
  while (dataFile.available()) {   //检查dataFile是否有数据
  Serial.write(dataFile.read());    //如果有数据则把数据发送到串口
  }
  dataFile.close();    //关闭dataFile
}
else {
  Serial.println("error opening datalog.txt");    //如果文件无法打开
                        //串口发送信息"error opening datalog.txt"
  }
}
void loop()
{
}
```

6. 射频模块

本次射频模块主要介绍RFID-RC522这款射频读卡模块，它是应用于 13.56MHz 非接触式通信中高集成度读写卡系列芯片中的一员，是 NXP 公司针对"三表"应用推出的一款低电压、低成本、体积小的非接触式读写卡芯片，是智能仪表和便携式手持设备研发的较好选择。

RFID-RC522 利用了先进的调制和解调概念，完全集成了在13.56MHz 下所有类

型的被动非接触式通信方式和协议，支持ISO14443A的多层应用。其内部发送器部分可驱动读写器天线与 ISO 14443A/MIFARE®卡和应答机的通信，无需其他电路。接收器部分提供一个坚固而有效的解调和解码电路，用于处理 ISO14443A 兼容的应答器信号。数字部分处理 ISO14443A 帧和错误检测（奇偶＆CRC）。此外，它还支持快速 CRYPTO1 加密算法，用于验证 MIFARE 系列产品。RFID-RC522支持MIFARE®更高速的非接触式通信，双向数据传输速率高达 424kbit/s。

作为 13.56MHz 高集成度读写卡系列芯片家族的新成员，它与主机间的通信采用连线较少的串行通信，且可根据不同的用户需求，选取 SPI、I2C 或串行 UART（类似 RS232）模式之一，有利于减少连线，缩小 PCB板体积，降低成本。射频卡PCB如图8.11所示。

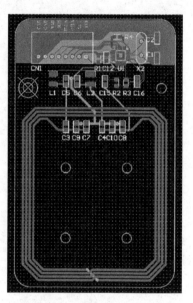

下面是实验环节，12864液晶屏幕接线方法请读者参照第5讲的示例，射频模块接线为：SDA-PIN10，SCK-PIN13，MOSI-PIN11，MISO-PIN12，GND-GND，3.3V-3.3V。首先要进行的步骤是读卡的环节，如图8.12所示进行编译，将已有的一卡通等的卡片放在射频模块的表面，我们就可以看到串口监视器反馈的数据，将数据转换成16进制的数据，用于识别卡的环节，如图8.13所示。

图8.11　射频卡 PCB 图

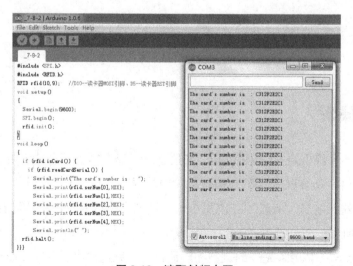

图8.12　读取射频卡图

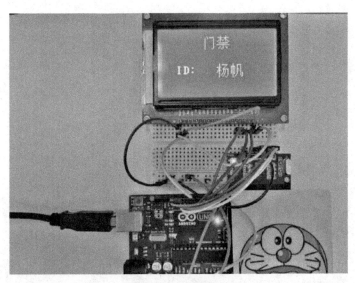

图8.13　实验现象图

读卡程序示例:

```
#include <SPI.h>
#include <RFID.h>
RFID rfid(10, 9);    //D10——读卡器MOSI引脚、D5——读卡器RST引脚
void setup()
{
  Serial.begin(9600);
  SPI.begin();
  rfid.init();
}
void loop()
{
  if (rfid.isCard()) {
    if (rfid.readCardSerial()) {
      Serial.print("The card's number is  :  ");
      Serial.print(rfid.serNum[0], HEX);
      Serial.print(rfid.serNum[1], HEX);
      Serial.print(rfid.serNum[2], HEX);
```

```
      Serial.print（rfid.serNum[3], HEX）；
      Serial.print（rfid.serNum[4], HEX）；
      Serial.println（" "）；
  rfid.halt（）；
}}}
```

程序示例：

```
#include "LCD12864RSPI.h"
#include <RFID.h>
#include <SPI.h>
#include <Wire.h>
#define AR_SIZE（ a ） sizeof（ a ） / sizeof（ a[0] ）
RFID rfid（10, 9）；
int temp = 0;
unsigned char show0[]={
  0xC3, 0xC5, 0xBD, 0xFB}; //门禁
unsigned char show1[]="ID: "; //ID
unsigned char show2[]={
  0xD1, 0xEE, 0xB7, 0xAB}; //YF
void setup（）
{
  Serial.begin（9600）；
  SPI.begin（）；
  rfid.init（）；
  LCDA.Initialise（）; // 屏幕初始化
  delay（100）；
}
void loop（）
{
  LCDA.DisplayString（0, 3, show0, AR_SIZE（show0））；
  LCDA.DisplayString（2, 1, show1, AR_SIZE（show1））；
```

```
    if (rfid.isCard()) {
      if (rfid.readCardSerial()) {
        if (rfid.serNum[0] == 0x85 && rfid.serNum[1] == 0xA6 && rfid.
serNum[2] == 0x96)

        {
          temp = 1;
        }
        if (rfid.serNum[3] == 0xBE && rfid.serNum[5] == 0xB0)

        {
          temp = 1;
        }
        rfid.selectTag(rfid.serNum);
      }
      if (temp==1)
      {
        LCDA.DisplayString(2, 4, show2, AR_SIZE(show2)); //显示Arduino;
        delay(500);
        LCDA.CLEAR(); //清屏
      }
      else
      {
        temp=0;
      }
    }
    rfid.halt();
}
```

7. 气体采集模块

　　MQ系列气体传感器，其敏感材料是活性很高的金属氧化物半导体，可检测多
种可燃性气体。它对液化气、丙烷、氢气的灵敏度高，对天然气和其他可燃气体的

检测也很理想，广泛应用于家庭和工厂的气体泄漏监测。以下是几种传感器及对应的检测气体。

MQ-2气体传感器：液化气、丙烷、氢气。

MQ-3气体传感器：酒精。这种传感器可检测多种浓度酒精气氛。它对酒精的灵敏度高，可以抵抗汽油、烟雾、水蒸气的干扰。

MQ-5气体传感器：丁烷、丙烷、甲烷，这种传感器可检测多种可燃性气体，特别是天然气。它对丁烷、丙烷、甲烷的灵敏度高，对甲烷和丙烷可较好兼顾。

MQ135传感器对氨气、硫化物、苯系蒸汽的灵敏度高，对烟雾和其他有害的监测也很理想。这种传感器可检测多种有害气体，是一款适合多种应用的低成本传感器，MQ135传感器引脚图如图8.14所示。

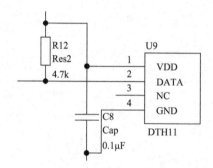

图 8.14　MQ135 引脚图

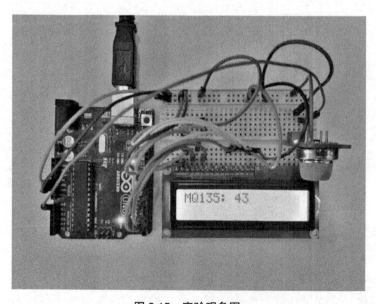

图 8.15　实验现象图

如图8.15所示连接电路，1602接线参照第5讲的示例，气体传感器以MQ135为例，信号端A0接在单片机开发板的A0口，接通电源后可以发现当我们将它放置在烟雾浓度较大的地方时，1602反馈的灰度值很大，当大到一定值的时候，传感器背面的黄色LED会发亮。

程序示例：

```
#include <LiquidCrystal.h>
LiquidCrystal lcd(2, 3, 6, 7, 8, 9); //(RS, E, D4, D5, D6, D7) ( a
                                      //) / sizeof ( a[0] )

int mq135 = A0;
int valueMQ135=0;
void setup()
{
  Serial.begin(9600);
  lcd.begin(16, 2);
  lcd.clear();
pinMode(mq135, OUTPUT);
}
void loop()
{int valueMQ135 = analogRead(mq135);
  lcd.setCursor(0, 0);
  lcd.print("MQ135: ");
  lcd.print(valueMQ135);
  delay(500);
}
```

8. 灰尘浓度检测模块

GP2Y1010AU0F 是一款灰尘传感器，根据光学原理测量电压模拟值，由 一个红外发光二极管（IRED）和一个光电晶体管对角布置。它检测在空气中的尘埃的反射光，尤其可以有效地检测到非常细小的颗粒如香烟烟雾。 此外，它可以从房屋的灰尘和烟雾来区别通过输出电压的脉冲模式。GP2Y1010AU0F模块及原理图分别如图8.16和图8.17所示。

这款灰尘浓度传感器是现在市场检测灰尘比较常用的，其价格低廉，精度适中。接线及实验现象图如图8.18所示，1602接线方式请读者参照第5讲的示例，GP2Y1010AU0F接线方式从左到右分别为1~6脚：pin 1(V-LED)=> 5V(串联150Ω电阻，pin 1和电阻之间连220μF电容接地)，pin 2(LED-GND)=> Arduino GND脚，pin 3(LED)=> Arduino 数字口pin 4,(S-GND)=> Arduino GND 脚，pin 5(Vo)=> Arduino 模拟口A0pin，pin 6(Vcc)=> 5V。

图 8.16　GP2Y1010AU0F 实物图

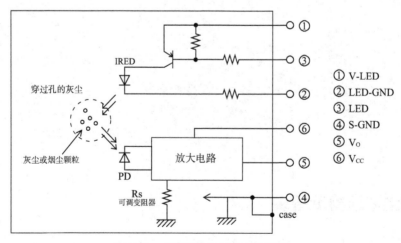

图 8.17　GP2Y1010AU0F 原理图

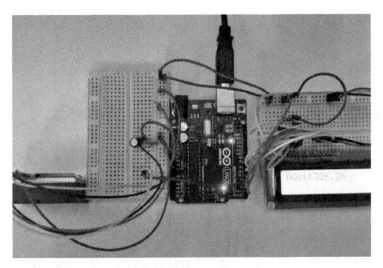

图 8.18 接线及实验现象图

程序示例:

```
#include <LiquidCrystal.h>
LiquidCrystal lcd(2, 3, 6, 7, 8, 9);
int dustPin=0;
float dustVal=0;
int ledPower=4;
int delayTime=280;
int delayTime2=40;
float offTime=9680;
void setup()
{
  lcd.begin(16, 2);
  Serial.begin(9600);
  pinMode(ledPower, OUTPUT);
  pinMode(dustPin, INPUT);
}
void loop(){
  digitalWrite(ledPower, LOW);
```

```
delayMicroseconds(delayTime);

dustVal=analogRead(dustPin);

delayMicroseconds(delayTime2);

digitalWrite(ledPower, HIGH);

delayMicroseconds(offTime);

delay(1000);

if (dustVal>36.455)

    lcd.setCursor(0, 0);

lcd.print("Dust: ");

lcd.print((float(dustVal/1024)-0.0356)*120000*0.035, 2);

Serial.println((float(dustVal/1024)-0.0356)*120000*0.035);

}
```

本讲小结

无线网络技术适应野外恶劣的自然环境，集成精度高、寿命长、高可靠和长期稳定性、防窃取、信息安全、保密性等级高等功能于一体。

运用新原理、新结构、新材料，实现微功耗、低成本、高可靠性等更高要求参数指标的产品设计。

在上述技术发展背景和应用的推动下，传感器种类变得越来越多，传感器的功能变得越来越丰富，作为一名硬件爱好者，主控是"大脑"，而传感器就是"手脚"。

习题 8

1.整合传感器，将功能合并，制作一个可以监测家中温湿度、灰尘浓度等信息，及通过液晶屏将信息显示出来的简单智能家居系统。

第 9 讲
创新思维构架

作为一本讲解硬件创作基础的书，可能会有读者认为讲解创新和构架还很遥远？

对于笔者来说，这一讲却是九九归一，是更建议读者阅读的一讲。

智能就是让机器有"大脑"；每次做项目之前，相比较直接动手操作，更建议设计者先设计一个大的框图，自己记录的同时也让别人知道此作品最初的想法来源于哪里？产品到底有什么用？该作品和市场上现有产品究竟有什么不同？因为只有自己的作品在底层技术上和思维构建上与其他作品不同，才有价值，也才可能更长久地立足于行业。

2007年1月9日，乔布斯发布了第一代iPhone智能手机，将iPod、电话、互联网

功能集于一身，强调实现"easy to use"和"smart"，在几乎所有手机都采用小键盘的当时，他做了系统的虚拟按键，实现了人机的进一步交互。乔布斯敢于创新，是因为他和他的团队有着强硬的技术，一台手机申请了200多项的专利，为成功打下坚实的基础。图9.1为iPhone第一代手机发布时间。

图 9.1　iPhone 第一代手机发布时间

创新思维可以基于现有的市场，调查市场缺少什么、需要完善什么，将市场与手中的工具结合，是分析问题和解决问题的过程。一旦解决了现有的问题后，就可以考虑如何将作品变成产品，并推广出去。当前越来越多的组织和机构举办创新创业大赛，从中发现好的创新想法，然后将作品产品化。创新思维构建如图9.2所示。

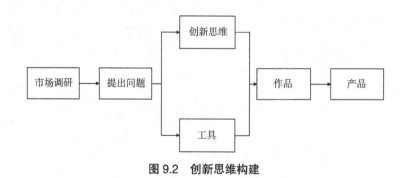

图 9.2　创新思维构建

下面举几个例子。

之前在蓝牙遥控那一讲我们已经简单地介绍了蓝牙控制LED的实验，通过手机

蓝牙模块之间的配对来实现。除了这个实验还可以联想到什么呢?

　　首先蓝牙模块作为一个通信模块,是可以实现信息传输的媒介,在发送数据的同时也可以当做显示数据的反馈端,控制器件的状态,也可用来采集状态的信息。既然可以利用蓝牙模块来控制LED,也就可以控制一切原理类似的元器件,如舵机和一些具有开关控制的元器件,当控制了这些设备,就可以继续放大,从LED到可控的节能灯,从舵机到蓝牙的智能门锁,最后把它们放在一起来整合,就会有很大的突破。蓝牙模块思维框图构建如图9.3所示。

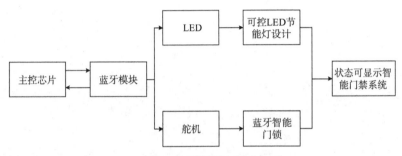

图 9.3　蓝牙模块思维框图构建

　　例如超声波模块,超声波大多数用来测量距离,在环境恶劣不方便人工测量的情况下,采用超声波测距就会大大方便用户操作。不过超声波如果只用于测距,就不免大材小用了。超声波也可以利用测距功能来实现避障功能,例如一个可以监测前方状态的盲人拐杖,加上反馈的传感器,再加上一个液晶的显示,就是一个整体的系统。还可以利用超声波通过换能器,将功率超声频源的声能转换成机械振动,制作一个超声波的清洗装置,再加上一些外设的模块丰富功能,就变成了一个完整的超声波清洗系统。超声波模块思维框图构建如图9.4所示。

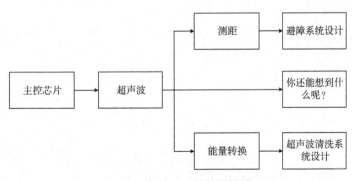

图 9.4　超声波思维框图构建

第 10 讲
项目实例

1. 智能射频门禁

门禁系统，又称出入口控制系统。在何处放行某些人，拒绝某些人，何时要发出警报，记忆出入的过程，以达到安全的目的，都是门禁系统最基本的功能。门禁系统一般多用在小区大门、停车场出入口，利用门禁系统，可以实现人员及车辆的无人值守和用户唯一的特点。

· 假如你的寝室有一个智能门禁

你没有听错，如果你的寝室门上有一个智能的门禁，那么你就可以解放你们全寝室的钥匙，也不用顾虑将钥匙放在门沿上会不会有陌生人进屋了，而且钥匙小，容易丢，配一把又要另花钱，最主要是有时候着急进不去寝室，会耽误太多事情。

· 要制作一个什么样的门禁

这是一个基于开源平台Arduino的门禁，它集成了RFID、液晶显示、光电反馈以及控制舵机旋转角的人性化作品。因为要放在寝室的门上，所以要控制整体作品的大小，避免坠落；还要考虑供电问题，因为现在的大学生寝室都不是全天的供电，要实现方便充电、安全第一、续航有保障的特点；不过最重要的还是安全问题，所以我们要做一个不会轻易被懂原理的人破坏、复制信息的智能门禁。

· 门禁要实现什么功能

（1）实现寝室人员用自己的校园一卡通刷卡进入寝室。

（2）实现多人控制并在液晶屏幕实时显示不同人员信息。

（3）实现刷卡时有光电反馈，实时区分是否是来自寝室的人员。

（4）采用舵机控制门锁，多角度开门，降低错开率。

（5）利用现有的充电宝进行供电，续航可达一周，方便用户使用。

· 门禁的工作原理

主控采用Arduino单片机，利用射频模块识别一卡通，再通过SPI总线传输到单片机中，单片机经过处理分析，将读取的卡片信息进行分类筛选，若识别卡片是之前储存过的，单片机开始进行进一步操作。首先在液晶屏幕上显示此卡片持有者的信息，之后LED闪烁提示，最后门里面的舵机开始旋转，将门把手拉开，则门开；反之，无法开门。智能蓝牙门禁整体示意图如图10.1所示。

· 门禁的制作

首先从硬件部分下手，先了解各个模块的使用方式和注意事项。

（1）主控。

Arduino是一款便捷灵活、方便上手的开源电子原型平台，包含硬件（各种型号的Arduino板）和软件（Arduino IDE）。它构建于开放原始码simple I/O介面，并且具有使用类似Java、C语言的Processing/Wiring开发环境，主要包含两个主要的部分：硬件部分是可以用来做电路连接的Arduino电路板；另一个则是Arduino IDE，计算机中的程序开发环境。你只要在IDE中编写程序代码，将程序上传到Arduino电路板后，程序便会告诉Arduino电路板要做些什么了。本设计用到的开发板为图10.2的Arduino UNO。

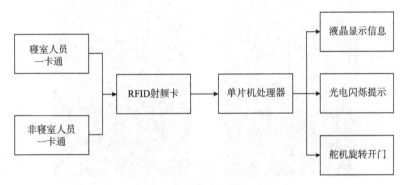

图 10.1 智能蓝牙门禁整体示意图

图 10.2 Arduino UNO 开发板

（2）射频模块。

RFID-RC522 是应用于 13.56MHz 非接触式通信中高集成度读写卡系列芯片中的一员，是 NXP 公司针对"三表"应用推出的一款低电压、低成本、体积小的非接触式读写卡芯片，是智能仪表和便携式手持设备研发的较好选择。作为 13.56MHz 高集成度读写卡系列芯片家族的新成员，MF RC522与 MF RC500 和MF RC530 有不少相似之处，同时也具备诸多特点和差异。它与主机间的通信采用连线较少的串行通信，且可根据不同的用户需求，选取 SPI、I2C 或串行 UART（类似 RS232）模式之一，有利于减少连线，缩小 PCB 板体积，降低成本。射频模块的正面、背面如图10.3和图10.4所示。

图 10.3　射频模块正面　　　　图 10.4　射频模块背面

（3）显示模块。

Nokia5110是一款经典机型，可能由于经典的缘故，旧机器很多，所以很多电子工程师就把旧机器的屏幕拆下来，自己驱动Nokia5110，用于开发的设备显示，取代LCD1602。

使用Nokia5110液晶的四大理由：①性价比高，LCD1602可以显示32个字符，而Nokia5110可以显示15个汉字，30个字符，而Nokia5110裸屏仅8.8元，LCD1602一般销价15元左右，LCD12864的价格一般为50～70元；②接口简单，仅四根I/O线即可驱动，LCD1602需11根I/O线，LCD12864需12根；③速度快，是LCD12864的20倍，是LCD1602的40倍；④Nokia5110工作电压为3.3V，正常显示时工作电流为200μA以下，具有掉电模式，适合电池供电的便携式移动设备。Nokia5110液晶模块正反面如图10.5和图10.6所示。

（4）舵机选择。

舵机选用的是Futaba S3010，一款低成本、高扭矩的舵机，分别由黑线（接地）、红线（电源线）和白色（控制线）组成，主要用于通用伺服器，某电动机Tricore GM1510 VR TR133-15，MATAL轴承，引线长为300mm，质量为41g，并且其消耗的能量较少，还可以产生很大的力量，现在被广泛应用在机器人上。舵机正视图和侧视图如图10.7和10.8所示。

图 10.5　Nokia 液晶模块正面

图 10.6　Nokia 液晶模块背面

图 10.7　舵机正视图

图 10.8　舵机侧视图

硬件模块都准备好了，下面就可以接线了：

RFID——RC522：

SDA——PIN10；

SCK——PIN13；

MOSI——PIN11；

MISO——PIN12；

GND——GND；

3.3V——3.3V。

Nokia5110：

RST——PIN2；

CE——PIN3；

DC——PIN5；

DIN——PIN6；

CLK——PIN7；

VCC——3.3V；

GND——GND。

Futaba S3010：

白色——PIN2；

红色——5V；

黑色——GND。

了解硬件模块和接线后，接下来就可以在Arduino的IDE上编程啦！下面是整体的运行步骤，读取一卡通过程如图10.9所示。

图 10.9　一卡通读取

首先要进行录入卡片，将读取到的卡片ID进行保存，用于后面的数据对比，信息采集如图10.10所示。

图 10.10　数据采集

将读取到的数值放在程序中作为对比的对象，数据存储如图10.11所示。

```
qinshimenjin | Arduino 1.5.7
文件 编辑 Sketch 工具 帮助

qinshimenjin §

if (rfid.isCard()) {
  if (rfid.readCardSerial()) {
    Serial.print("The card's number is  : ");
    Serial.print(rfid.serNum[0], HEX);
    Serial.print(rfid.serNum[1], HEX);
    Serial.print(rfid.serNum[2], HEX);
    Serial.print(rfid.serNum[3], HEX);
    Serial.print(rfid.serNum[4], HEX);
    Serial.println(" ");
    if (rfid.serNum[0] == 0xC3 && rfid.serNum[1] == 0x12 && rfid.serNum[2] == 0xF2)
    {
      temp = 1;
    }
    if (rfid.serNum[3] == 0xE2 && rfid.serNum[5] == 0xC1)
    {
      temp = 1;
    }
    if (rfid.serNum[0] == 0x85 && rfid.serNum[1] == 0xA6 && rfid.serNum[2] == 0x96)
    {
      temp = 2;
    }
    if (rfid.serNum[3] == 0xBE && rfid.serNum[5] == 0xB0)
    {
      temp = 2;
    }
  }
}
```

图 10.11　数据存储

完成了上面的步骤就让我们来看看整体的运行效果吧！

待机实物图如图10.12所示。

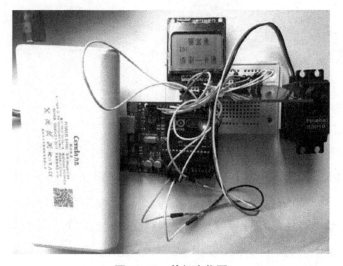

图 10.12　待机实物图

123

刷卡运行如图10.13所示。

图 10.13　运行图

舵机开门示意图如图10.14所示。

图 10.14　舵机开门示意图

· 制作过程的建议

在整体设计方案时，要注意整体延时的控制，不宜太长和太短，注意到引脚的运用和整体供电。本书示例只是一个雏形，读者可以在此基础上多加发挥，例如将LED提示替换成简单的蜂鸣器，或是加装一个外壳，让整体效果更加精美，最主要的是这么多模块加在一起成本不到50元，相比频繁配钥匙的苦恼还是要划算得多！在软件调试时可能会遇到一些问题，只要仔细、努力实践，一定会成功的！

· 产品搭建

涉及芯片及用料如表10.1所示。

表 10.1 材料汇总

芯片或模块	属性和设置	数量
RFID-RC522 传感器	1. MFRC522支持SPI、I2C、UART接口； 2. 64字节发送和接收的FIFO缓存； 3. 4页，每页16个寄存器，共64个寄存器； 4. 具有硬件掉电、软件掉电、发送掉电三种节电模式； 5. 支持 ISO/IEC 14443 TypeA和 MIFARE®通信协议	1个
Nokia5110 液晶模块	指令格式分为两种模式： 1. 如果D/C（模式选择）置为低（0），即位变量 dc = 0，为发送指令模式，那么接下来发送的8位字节解释为命令字节。 2. 如果D/C为高，即dc = 1；为写入数据RAM模式，接下来的字节将存储到显示数据RAM	1块
Nokia5110 液晶模块	注意： 1. 每一个数据字节存入之后，地址计数自动递增。在数据字节最后一位期间会读取D/C信号的电平。 2. 每一条指令可用任意次序发送到PCD8544。首先传送的是字节的MSB（高位）	1块
Futaba S3010 舵机	4.8V 电压动作时消耗电流：130 + 25 [mA]（无负荷）； 消费电流：停止时 MAX 15 [mA]（无负荷）（参考值：6.0V 时）；动作时 145 + 30 [mA]（无负荷）； 输出扭矩：6.0V 时 6.5 + 1.3 [kg.cm]； 动作速度6.0V 时 0.16 + 0.02 [S / 60°]	1个
Arduino	工作电压：5V； 输入电压（推荐）：7~12V； 输入电压（范围）：6~20V； 数字I/O：脚14（其中6路作为PWM输出）； 模拟输入：脚6； I/O脚直流电流：40 mA； 3.3V脚直流电流：50 mA； Flash Memory 32 KB（ATmega328，其中0.5 KB 用于 bootloader）； SRAM：2 KB（ATmega328）； EEPROM：1 KB（ATmega328）； 工作时钟：16 MHz	1块

代码地址：
https://github.com/yf4530593/RFIDRC522-NOKIA5110-ARDUINO/pull/1/files

2. 智能蓝牙门禁

蓝牙技术（Bluetooth）是一种低功率短距离的无线通信技术标准的代称。其实质是要建立通用的无线空中接口及其控制软件的公开标准，使通信和计算机进一步结合，使不同厂家生产的便携式设备可以在没有电线或电缆相互连接的情况下，能在近距离范围内具有互用、互操作的性能。一般来说，它的连接范围为0.1 ~ 10m，如果增加传输功率的话，其连接范围可以扩展到100m。

作为一项新兴的技术，与类似技术相比较，蓝牙技术在设计的过程中，考虑了诸多因素，具有以下的主要特点：工作频率高、抗干扰性强，使用方便，支持语音，无需基站，尺寸小、功耗低，可多路多方向链接，保密性强。采用蓝牙技术构建门禁传输网络，具有其他门禁系统所不具备的优点。

现有的门禁系统中，各种控制器与计算机之间的通信基本上通过RS232接口或RS485接口，设备之间的物理连线复杂，且不利于升级改造，对新增用户来说更为烦琐。而应用无线传输模块来构建门禁传输网络，则可以克服以上困难，具有升级改造容易，新增用户简单的优点。

· 这次要制作一个什么样的门禁

这同样是一个基于开源平台Arduino的门禁，是集成了蓝牙模块、液晶显示、光电反馈以及控制舵机旋转角的人性化作品。本设计应控制整体作品的大小，避免坠落；还要考虑供电问题，因为现在的学生寝室都不是全天的供电，要实现方便充电，安全第一，续航有保障的特点；最重要的还是安全问题。

· 蓝牙门禁比射频门禁好在哪里

（1）方便用户使用，因为通常情况我们可以一天不带一卡通，但是不能一天不带手机。

（2）相对于射频门禁来说，蓝牙门禁更加安全，首先是连接蓝牙模块需要一道密码，之后开门发送的也都是不同的指令。

（3）相对于射频门禁，蓝牙模块消耗更低，使得续航更加持久。

（4）由于射频门禁需要与一卡通距离很近，并且不能在中间放置金属等材质有干扰的门，蓝牙模块大大解决了这个问题。

· 蓝牙门禁的工作原理

蓝牙门禁系统主要由蓝牙模块、Arduino单片机、液晶显示屏、舵机组成。其中蓝牙模块是门禁系统的核心部分，负责整个系统的输入/输出信息的处理、存储和控制等。通过手机给门禁控制器发出指令，来控制舵机旋转的角度，从而达到开门的目的。手机相当于门禁系统开门的"钥匙"，智能蓝牙门禁整体示意图如图10.15所示。

· 蓝牙门禁的制作

首先我们也从硬件部分下手，对于单片机、液晶屏幕、舵机的介绍可以参考前面实例。

以下将主要介绍蓝牙门禁中的蓝牙模块。

HC05模块是一款高性能的主从一体蓝牙串口模块，不用知道太多蓝牙相关知识就可以很好上手。简单来说，它是个蓝牙转串口的设备，设计者只要知道串口怎编程使用就可以实现所谓的透明传输，蓝牙模块如图10.16所示。

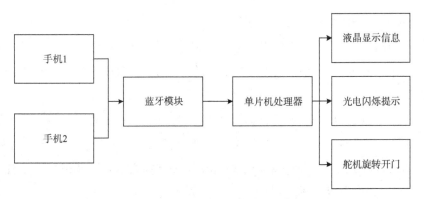

图 10.15 智能蓝牙门禁整体示意图

蓝牙模块从左到右的引脚分布式是：

（1）VCC——当然这个引脚是接电源的正极，电压为3.3 ~ 5.0V；

（2）GND——接地；

（3）TXD——模块串口发送引脚，可直接接单片机的RXD引脚；

（4）RXD——模块串口接收引脚，可直接接单片机的TXD引脚；

（5）KEY——用于进入AT状态，高电平有效（悬空默认为低电平）；

（6）LED——这个引脚是用来检测蓝牙模块是否已经连接上了其他蓝牙设备的，连接成功输出高电平，没有连接成功输出低电平，可以用单片机的引脚来检测是否连接上，在应用程序中有很重要的作用。

图 10.16 蓝牙模块

接下来是配置模块，HC05蓝牙模块的AT模式设置的方法大致有三种：

（1）默认设置；

（2）用USB转UART模块设置；

（3）用带有蓝牙设置的主控器串口程序进行设置。

第一，主要默认设置。

模块工作角色——从模式；

串口参数——38400bits/s 停止位1位无校验位；

配对码——1234；

设备名称——HC-05；

连接模式——任意蓝牙设备连接模式。

第二，用USB to UART模块设置蓝牙。

蓝牙与USB转串口模块连接方式，RXD—TX，TXD—RX，VCC—VCC，GND—GND。

设置蓝牙AT指令，必须让AT引脚置高，然后接上蓝牙模块，当蓝牙模块state灯变为慢闪，则表明已经进入AT模式。将蓝牙模块与转串口模块对插，用跳线将AT对应的引脚接VCC。这时候将转串口模块接入计算机，打开超级终端或者串口调试助手便可以开始设置AT模式。

打开串口调试助手，测试AT指令，找到相应串口号后，注意两点：①设置AT模式的波特率为38400。②输入指令后加上回车换行，发送后返回OK。

蓝牙HC05模块探究——设置AT指令

下面来设置模块为从机模式，依次输入指令：

AT+NAME=Bluetooth-Slave	蓝牙名称为Bluetooth-Slave
AT+ROLE=0	蓝牙模式为从模式
AT+CMODE=0	蓝牙连接模式为任意地址连接模式
AT+PSWD=1234	蓝牙配对密码为1234
AT+UART=9600，0，0	蓝牙通信串口波特率为9600，停止位1位，无校验位
AT+RMAAD	清空配对列表

相应返回OK表示设置成功。这个时候的蓝牙就可以与计算机主机或者手机配对通信。需要注意的是设置指令里的符号不要在中文状态下输入，否则不会返回相应指令。

蓝牙模块看懂了之后，下面要开始接线了。

HC-05：

RXD——PIN1；

TXD——PIN2；

GND——GND；

VCC——3.3V。

Nokia5110：

RST——PIN2；

CE——PIN3；

DC——PIN5；

DIN——PIN6；

CLK——PIN7；

VCC——3.3V；

GND——GND。

Futaba S3010：

白色——PIN2；

红色——5V；

黑色——GND。

接下来就可以在Arduino的IDE上编程啦！现将人员信息编写到程序之中，信息采集如图10.17所示。

图 10.17 信息采集

将程序中录入人员信息，如图10.18所示。

```
qinshimenjin | Arduino 1.5.7
文件 编辑 Sketch 工具 帮助

qinshimenjin §

if(getstr=='1')
{digitalWrite(8,HIGH);
  LCD_set_XY(42, 2);
  LCD_write_char( 0x30 + 1);
  servo1.write(120);
  delay(700);
  servo1.write(-120);
  digitalWrite(led, LOW);
  delay(500);
  //temp = 0;
  Serial.println("This card belongs to '老大'");
}
else if(getstr=='2'){
  digitalWrite(8, HIGH);
  LCD_set_XY(42, 2);
  LCD_write_char( 0x30 + 2);
  servo1.write(120);
  delay(700);
  servo1.write(-120);
  digitalWrite(led, LOW);
  delay(500);
  Serial.println("This card belongs to '老二'");
  }
}
```

图 10.18 信息录入

　　下面进行手机端的配置。

　　打开蓝牙搜索蓝牙模块，输入模块的连接密码进行配对，连接成功后发送单片机设定好的指令即可。配置过程参见图10.19。

（a）搜索蓝牙设备　　　　　　　　（b）配对蓝牙设备

（c）待机状态图　　　　　　　　（d）连接成功图示

图10.19　手机端蓝牙配置过程

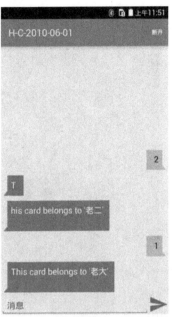

（e）设定指令图　　　　　　　　（f）反馈图

图 10.19　手机端蓝牙配置过程（续）

完成了上面的步骤就让我们来看看整体的运行效果，待机如图10.20所示。
开门运行状态如图10.21所示。

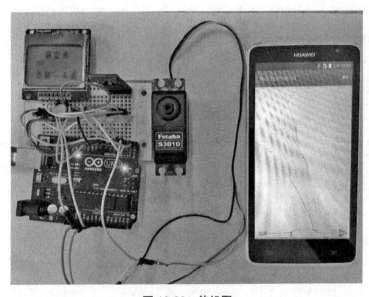

图 10.20　待机图

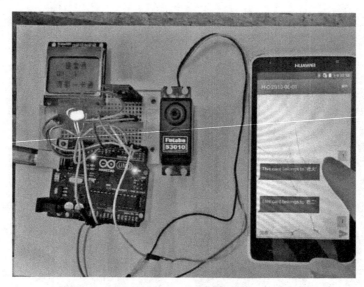

图 10.21　开门运行状态图

· 制作过程的建议

在整体设计方案时，要注意蓝牙模块的正负极不能接反，否则容易烧毁芯片。这次设计也只是一个雏形，可以在此多加发挥，例如将LED提示替换成简单的蜂鸣器，或是加装一个外壳，让整体效果更佳精美，最主要的是整个系统多个模块加在一起不到50元，相比总配钥匙或者忘记带校园一卡通要划算得多！最最重要的是，你的手机是永远不会离手的，使用方便。

· 产品搭建

涉及芯片及用料如表10.2所示。

表 10.2　芯片及用料

芯片或模块	属性及设置	数量
HC-05蓝牙模块	1. VCC：当然这个引脚接电源的正极，电压为3.3~5.0v； 2. GND：接地； 3. TXD：模块串口发送引脚，可直接接单片机的RXD引脚； 4. RXD：模块串口接收引脚，可直接接单片机的TXD引脚； 5. KEY：用于进入AT状态，高电平有效（悬空默认为低电平）； 6. LED：这个引脚是用来检测蓝牙模块是否已经连接上了其他蓝牙设备	1个
Nokia5110液晶模块	指令格式分为两种模式： 1. 如果D/C（模式选择）置为低（为0），即位变量 $d_c = 0$，为发送指令模式，那么接下来发送的8位字节解释为命令字节。 2. 如果D/C置为高，即 $d_c = 1$；为写入数据RAM模式，接下来的字节将存储到显示数据RAM	1块

续表

芯片或模块	属性及设置	数量
Nokia5110 液晶模块	注意: 1. 每一个数据字节存入之后，地址计数自动递增。在数据字节最后一位期间会读取D/C信号的电平。 2. 每一条指令可用任意次序发送到PCD8544。首先传送的是字节的MSB（高位）	1块
Futaba S3010舵机	4.8V 电压动作时消耗电流: 130 + 25 [mA]（无负荷）; 消费电流: 停止时为MAX 15 [mA]（无负荷） （参考值: 6.0V 时）动作时为145 + 30 [mA]（无负荷）; 输出扭矩: 6.0V 时 6.5 + 1.3 [kg.cm]; 动作速度6.0V 时 0.16 + 0.02 [S / 60°]	1个
Arduino	工作电压: 5V; 输入电压（推荐）: 7~12V; 输入电压（范围）: 6~20V; 数字I/O: 脚 14（其中6路作为PWM输出）; 模拟输入: 脚6; I/O脚直流电流: 40 mA; 3.3V脚直流电流: 50 mA; Flash Memory: 32 KB（ATmega328, 其中0.5 KB 用于 bootloader）; SRAM: 2 KB（ATmega328）; EEPROM: 1 KB（ATmega328）; 工作时钟: 16 MHz	1块

代码地址: https://github.com/yf4530593/RFIDRC522-NOKIA5110-ARDUINO/blob/master/bluetooth

3. 基于 Processing 蓝牙智能小车

· 这是一台拥有什么功能的智能车

通常普通小车制作是这样的，有车体、电动机（直流电机）、控制器、电池，再编写个小车程序控制，就完成设计了。但是除了这些，还可以加一些功能吗？加个远程的无线模块会怎样？微控制器电池可以让电动机转起来吗？由于电流不够大，所以我们要配备电机驱动板，这样就可以在外接电源提供电能的情况下拥有大电流了。其实稳压的电源模块也是很必要的，没有的话小车跑起来会因为电池的电压和电流变化而影响电动机速度。远程控制选择蓝牙模块，其技术成熟，平台移植性强。同时由于在控制端加入了Processing，用户的交互有了很大的提升。

· 智能车的制作过程

硬件部分:

车体——选用的是一款传动轴的四驱车体，拥有两个直流电机，依靠齿轮传动，价格低廉，体积较小，如图10.22所示。

图 10.22　车体图

电技驱动板——L293是ST公司生产的一中高电压、小电流电机驱动芯片。该芯片采用了16脚封装。工作电压可达36V，输出电流峰值可达2A，持续工作电流为1A。内含两个H桥的高电压大电流全桥式驱动器，可以用来驱动两个直流电机。

使用驱动芯片两个直流电机时，通过控制单片机引脚输出PWM脉宽调制信号对电机进行调速控制，同时也可以控制电机的正反转，实现小车的左右转、前进后退等操作，电机驱动板如图10.23所示。

蓝牙模块——采用蓝牙模块的原因之一就是它的应用较为广泛，不但可以与上位机相通信，还可以与手机之间进行通信，进行控制等操作，本次设计利用的就是市面上普通的蓝牙模块与配套的 PC 端蓝牙接收器，如图 10.24 所示。

电源模块——本例中焊接与小车配套的电源模块，采用了 LM2956 芯片，实现了稳定性强、发热稳定，可以输出足够大功率的效果，如图 10.25 所示。

软件部分：

1）Processing简介

Processing 是一种计算机语言，以 JAVA 语法为基础，可转化成 JAVA 程序，而在语法上又简易许多。所有的原始代码及开发环境均开放，主要用于艺术、影像、影音的设计与处理。其在软件中可以存在多种的编程环境，在 Android 平台下也可以编写上位机程序，也就是说手机也可以和小车的蓝牙模块匹配，从而进行手机端的蓝牙控制。这样就有了安卓平台的应用程序来控制我们的小车了，而且开发成本极低，耗时极少，语句简单，入门快。

图 10.23 电机驱动图

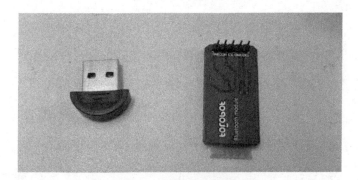

图 10.24 蓝牙模块与接收器图

图 10.25 电源模块图

示例代码：

```
import processing.serial.*; /*该部分需要导入库文件，不需下载，Processing
自带，复制代码即可*/
Serial myPort;    //定义所用端口名字
boolean keyup = false;    //boolean变量初值false
boolean keyright = false;
boolean keyleft = false;
boolean keydown = false;
float x, y;
void setup() {
  size(640, 360);
  x = width/2;
  y = height/2;
  Serial.list();
  println(Serial.list());  //列出所有Com口
  myPort = new Serial(this, Serial.list()[0], 9600);  /*选择合适
串口代码，这里是0*/
}
void draw()
{
  smooth();  //流畅性显示
  background(51);
  ellipse(x, y, 32, 32); /*画一个圆心为（X、Y），直径为32的圆*/
  line(x+16, y, 640, y);// 过两点画一条直线,两点坐标分别是（x+16,y）,（640,y）
  line(x-16, y, 0, y);
  line(x, y+16, x, 360);
  line(x, y-16, x, 0);
  if (keyup) y--;    //判断按键进而移动坐标
  if (keydown) y++;
  if (keyleft) x--;
  if (keyright) x++;
```

```
}
void keyPressed()
{
  if (key == CODED) {
  if (keyCode == UP) {
    myPort.write('a');
    keyup = true;
  }
if (keyCode == DOWN)
{
    myPort.write('b');
    keydown = true ;
}
if (keyCode == LEFT)
  {
    myPort.write('l');
    keyleft = true;
  }
  if (keyCode == RIGHT)
  {
    myPort.write('r');
    keyright = true;
  }
  }
}


void keyReleased()
{
  if (key == CODED)
  {
  if (keyCode == UP)
  {
```

```
    myPort.write ('s'); //保持小车停止命令，下同
    keyup = false;
}
if (keyCode == DOWN)
{
myPort.write ('s');
    keydown = false;
}
if (keyCode == LEFT)
{
    myPort.write ('s');
    keyleft = false;
}
if (keyCode == RIGHT)
{
    myPort.write ('s');
    keyright = false;
}
    }
}
```

在软件端编程之后，就可以在界面上观察并实现小车所需的功能：前进、后退、停止、左转、右转，Processing效果图如图10.26所示。

2）小车与蓝牙连接

（1）打开小车开关，此时蓝牙灯在闪烁，等待链接，电源模块灯亮，表示电源模块正常工作，Arduino模块上灯亮（红）表示正常工作。

（2）小车放置到空旷的地带，准备遥控，把蓝牙发射器接在计算机上，在计算机上打开蓝牙，如图10.27所示。

（3）点击问号图标，当只有在可以被选中的状态时，双击才可以进行下一步操作，一旦出现正在与TOROBOT建立连接的提示就是串口模拟成功并连接，连接状态如图10.28所示。

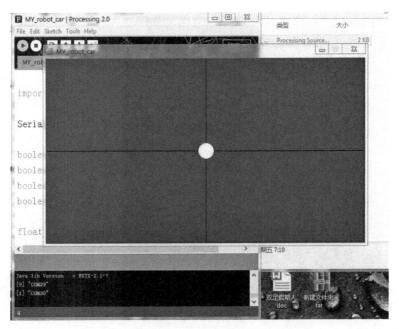

图 10.26　Processing 效果图

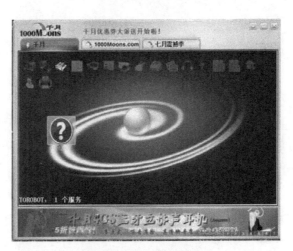

图 10.27　蓝牙搜索图

图 10.28　连接状态

（4）在计算机上再次打开Processing之前编辑的文件，同时将Arduino烧写进入编写好的文件，此时就可以控制小车了，控制图如图10.29所示。

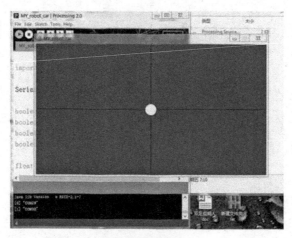

图 10.29　控制图

小车示意图如图10.30所示。

图 10.30　小车示意图

代码地址：https：//github.com/yf4530593/CAR/blob/master/ROBOT%20CAR

4. 室内参数报警器

室内参数报警器是一种近些年来流行的检测装置。它可以根据当前环境检测的参数，通过有线或无线的方式报警给用户，不但可以让用户感知室内的环境信息，也可做到远程预警的作用。

1. 制作一个什么样的报警器?

传感器部分采用温湿度传感器、可燃气体传感器、水位传感器、土壤湿度传感器,其可以将本地的信息通过LCD液晶屏幕的方式实时显示,同时外加的蜂鸣器可以对异常数据进行报警;同时,异常的数据也会通过短消息的方式发送到用户的手机上,达到实时预警。

2. 要实现什么功能?

(1)实现监测室内温湿度参数和可燃气体浓度。

(2)实现监测室内宠物窝水槽水位参数。

(3)实现监测室内花卉中的土壤湿度参数。

(4)实现监测室内参数超过阈值蜂鸣器报警。

(5)实现监测室内参数超过阈值远程短消息报警。

3. 系统的工作原理

本系统采用Arduino mini Pro单片机作为整个主控模块的控制核心,将采集到的数据经过单片机处理再输出到LCD1602液晶显示器。本系统能够实现采集温、湿度,可燃气体浓度等,一旦参数值过高时,该系统的报警系统就会自动启动,会发出蜂鸣报警,并将报警信息发送到用户手机上;还可以通过其中土壤湿度传感器、光照强度传感器和水位传感器采集输出的模拟量值进行对比,将异常参数发送到用户手机上。

4. 门禁的动手制作

首先我们从硬件部分下手,先了解各个模块的使用方式和注意事项。

(1)主控部分。

Arduinomini Pro是Arduino Mini的半定制版本,所有外部引脚通孔没有焊接,与Mini版本引脚兼容。Arduinomini Pro的处理器核心是ATmega168,有的国内升级版本为ATmega328,同时具有14路数字输入/输出口(其中6路可作为PWM输出),6路模拟输入,1个晶体谐振,1个复位按钮,如图10.31所示。

选用这款单片机的原因有很多。首先,是这款单片机的体积小,不会占用太多的空间;其次,功能强大,引脚多,有很多协议方便使用;最后也是最重要的一点,这款单片机便于开发,其与上位机连接简单,在上位机上编程也比较方便,整体的价格也很便宜，比较适合小作品的开发使用。

图 10.31　ArduinoProMini 单片机

（2）可燃气体传感器。

在本次设计中，可燃气体检测采用的MQ-9传感器，主要可以监测环境中的CH4、CO等可燃气体，由AL2O3陶瓷管、SNO2敏感层、测量电极和加热器构成传感器，加热器为气敏元件提供重要的条件。通过计算感应的参数信息改变电阻阻值，通过阻值的变化输出模拟的电压，供单片机采集，如图10.32所示。

图 10.32　可燃气体传感器

（3）在本次设计中，温湿度模块选择的是DHT11这一款单总线通信的温湿度传感器模块，相对于其他种类的传感器模块来说，DHT11具有功耗低、体积小、通信方式简单的优点，其输出端只有一个I/O口，采用串行数据的传输方式进行数据的传输。

DHT11传感器的功耗很低，工作电压在5V以下，其运行的平均最大电流为

0.5mA。它包含一个电阻式的测湿元件和一个NTC测温元件，并且内部与一个单片机引脚相连接，即可完成温湿度数据的采集。温湿度监测单元，本次设计采用的单总线通信方案，该结构与TTL兼容。温湿度传感器在工作时，当有数据传输时，等待1秒钟的不稳定状态，之后单片机向传感器模块发送一个开始信号，总线在空闲时为高电平，当单片机将总线拉低至少18ms后，再拉高总线等待相应。接收到单片机发送来的开始信号后，等待单片机的结束信号，之后发送80μs的低电平响应信号，最后传感器拉高总线80μs准备传输数据。数据在开始信号和响应信号后开始传输，共40位的测量数据，分别是8位湿度整数和小数数据、8位温度整数和小数数据，以及8位的校验数据。一次传输数据都是由50μs的低电平时隙开始，通过高电平的时间长短来区分数据0和1，数据传输后再次进入空闲状态，等待下一下传输。DHT11传感器实物图如图10.33所示。

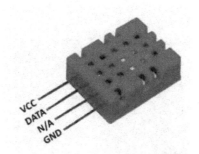

图 10.33　DHT11 传感器实物图

（4）显示单元。

LCD1602具有的特性有：采用标准的16脚控制数据接口，内部具有自带的字符储存器，已经储存了160个各不相同的字符图形，这些图形包括了我们常用的阿拉伯数字以及希腊字母，同时对于各种特殊符号也有较好的支持。

我们可以通过使用特定的通信协议向显示器的固定地址写入字符数据，来达到在显示器上任何位置显示任何功能的目的。

（5）SIM卡模块。

在整体系统的各单元中，负责报警单元的部分很重要，因为它承担着环境参数预警的责任。

本次设计主要在以下几方面研究了SIM800L模块：

（a）研究了SIM800L模块的原理及应用领域。

（b）仔细研究了Arduino单片机、数据采集模块、GSM模块的功能结构，并编写软件设计了数据采集系统。

（c）通过AT指令控制SIM800L模块并传送数据。主要指令如下：

·无参数指令。虽然叫做无参数命令但事实上这是一种单纯的命令，格式为AT [+|&] < command >，比如在开机并需要显示当前设置时就要用到这种指令：AT+ON， AT&V等等。

·查询指令。

·帮助指令。

·带参数指令。参数指令是应用范围最大的参数格式之一，它能够为指令提供很大的灵活性，格式为AT [+|&]=等。当它作为一个返回值时，可能的情况就变得更多样，但只要是返回值时钟就要遵循一个基本的框架格式： < 回应字串 > [: ERROR 信息]。

DHT11实物图如图10.34所示。

图 10.34　DHT11 实物图

·土壤湿度传感器模块。

工作原理：通过测量土壤传感器所分得的电压从而可以计算出土壤的电阻，而土壤电阻的大小和土壤的湿度是正相关的。使用AD转换芯片将传感器所分得的电压值转换成数字量，即可得到土壤的湿度数据。土壤湿度传感器如图10.35所示。

关键技术指标：

工作电压——3.3~5V宽电压；

传感器尺寸——32mm × 14mm。

·水位传感器模块。

工作原理：通过测量传感器所分得的电压从而可以计算出传感器的电阻，而传感器电阻的大小和水位是正相关的。使用AD转换芯片将传感器所分得的电压值转换成数字量，即可得到水位。水位传感器模块如图10.36所示。

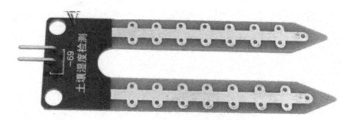

图 10.35　土壤湿度传感器

图 10.36　水位传感器模块

工作电压——3.3 ~ 5V；

工作电流——<20mA；

传感器类型——模拟；

传感器工作面积——40mm × 16mm；

工作温度——10℃ ~ 30℃；

传感器重量——3.5g；

传感器尺寸——62mm × 20mm × 8mm。

5. 硬件模块都准备好了，下面就要开始接线了

温湿度传感器：

VCC——5V；

GND——GND；

Data——PIN2。

可燃气体传感器：

VCC——5V；

GND——GND；

A0——A1。

水位传感器：

VCC——5V；

GND——GND；

A0——A2。

土壤湿度传感器：

VCC——5V；

GND——GND；

A0——A3。

LCD1602液晶屏幕：

VCC——5V；

GND——GND；

SDA——A4；

SCL——A5。

SIM卡模块：

VCC——5V；

GND——GND；

TX——PIN3；

RX——PIN4。

蜂鸣器：

VCC——5V；

GND——GND；

Data——PIN5。

系统整体流程图如图10.37所示。

下面就将程序的源文件下载到单片机中，观察效果，编译环境如图10.38所示，实物调试如图10.39所示。

下面是手机端接收短消息如图10.40所示。

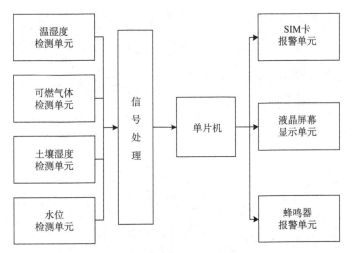

图 10.37　系统整体流程图

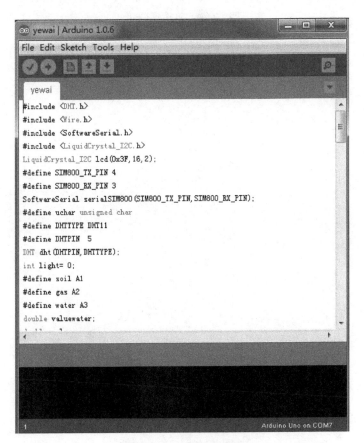

图 10.38　编译环境图示

图 10.39　系统调试图

图 10.40　手机端接收短消息

6. 制作过程的建议

在整体设计方案时，要注意单片机由于体积较小，所以在焊接引脚时候要注意不要有虚焊的现象，否则后续调试会造成困难；以及在插入SIM卡的时候，要注意卡的正反面以及尺寸的大小，否则会造成不必要的损失；最后一点就是由于系统的传感器过多，所以要保证电压的充足。接下来就等着你动手做起来啦!

8. 产品搭建

涉及芯片及用料如表10.3所示。

表 10.3 涉及芯片及用料

水位传感器模块	工作电压：3.3~5V； 工作电流：<20mA； 传感器类型：模拟； 传感器工作面积：40mm×16mm； 工作温度：10~30℃； 传感器质量：3.5g； 传感器尺寸：62mm×20mm×8mm	1个
土壤湿度传感器模块	工作电压：3.3~5V宽电压； 传感器尺寸：32mm×14mm	1个
温湿度传感器模块	供电电压：3.3~5.5V； 输出：单总线数据传输； 测量范围：湿度为20~90%RH，温度为0~50℃； 分辨率：湿度为1%RH，温度为1℃	1个
SIM卡模块	工作电压：3.7~4.2V； 支持网络：全球四频网络； 模块尺寸：2.5cm×2.3cm	1个
可燃气体传感器	加热电阻：$31\Omega \pm 3\Omega$ 加热功耗：约350mW； 敏感面电阻：$2 \sim 20k\Omega$； 灵敏度：Rs(in air)/Rs(100ppmCO)>5	1个
液晶屏幕显示器	工作电压：3.3~5V 通信方式：I^2C 数据存储器：80字节	1块

代码地址：https://github.com/yf4530593/gas/issues/1